HANDY
• EVERYDAY •
BAGS

# 零基础时尚百搭随身包教程

〔日〕后藤麻美　著
罗　蓓　译

河南科学技术出版社
· 郑州 ·

# 好用的理由

外观不用说了，
制作时在功能性上也下足了功夫。

## 1. 简洁+好玩的设计

每款包包在设计时力求简洁，删去烦琐。要求包包既能适合平常的休闲服装，也能搭配正式的服装。而且，加入了看似漫不经心的好玩的设计：或者样式与众不同，或者做成两面用，或者是拿起它就觉得开心。

## 2. 口袋做在你需要的地方

本书中的包包，没有添加过多的口袋。口袋设计在拿取方便的正面、包包背在肩上也能把包里的东西取出来的侧面、背面等，好像在说“口袋在这里哟”，是拿取方便的地方。

## 3. 开口大

不管是什么东西都能装进去，所以每个包的包口都设计得很大。打开时，里面的东西一目了然，拿取时也很方便。

## 4. 看起来小，容量却很大

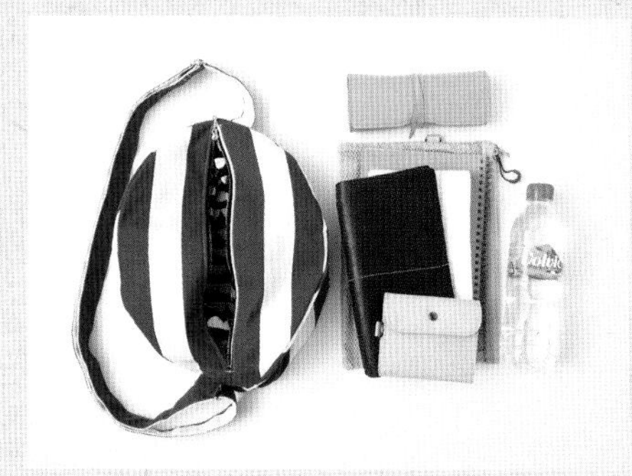

看起来很小的包包，为了能装下日常所需的东西，在设计上稍微下了一些功夫，如在侧片上加宽等。比如，“橄榄球形背包”（p.10），把东西放进去以后，包包就变得又圆又鼓。设计成这种形状，就非常能装。

## 5. 提手的宽度

因为每天都在用，所以拿在手里是否舒服最重要。考虑到大包包要装很多东西，所以为了减轻肩膀的负担，提手就设计成宽的。另外，小提手就设计成窄的，使用起来很紧凑。

## 6. 包的尺寸有大有小

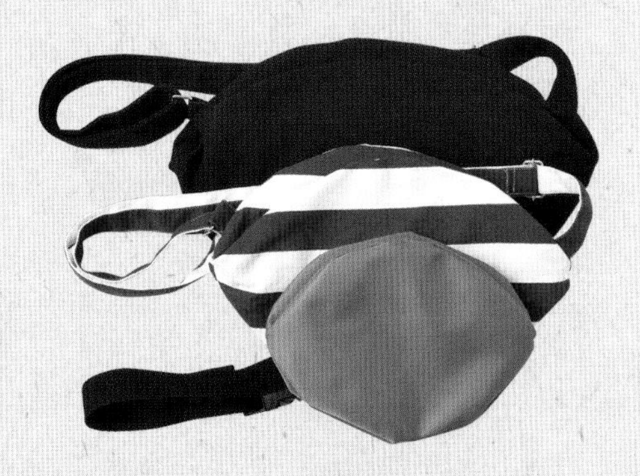

本书中介绍的包包在尺寸上可以自己改变，大家可根据用途，做出适合自己的包包来。

# 目录

10.

**收纳包**
**S/M**



11.

**迷你托特包**



12.

**民族风束口袋**



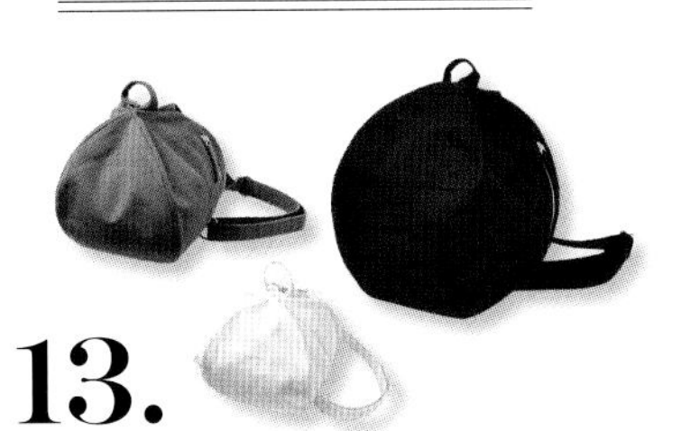

13.

**圆形双肩包**
**S/M/L**



14.

**两用包**



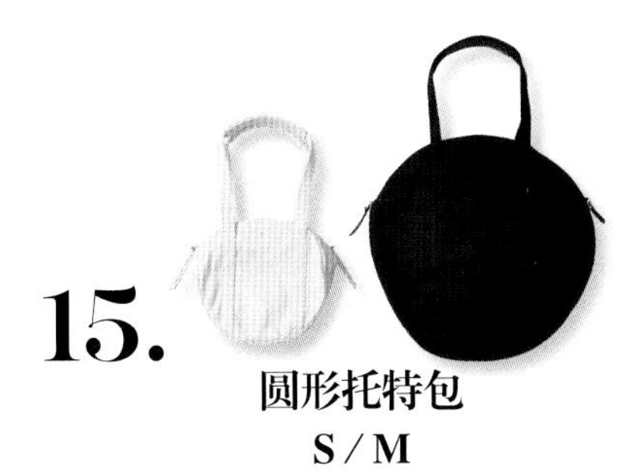

15.

**圆形托特包**
**S/M**



16.

**两用单肩包**



17.

**褶皱提手的托特包**



18.

**折口式双肩包**



19.

**厚毛绒束口袋**

20.

**手拿、肩背两用包**

# 1.

*Shoulder Bag with a Dotted Pocket*

## 水玉口袋单肩包

该款包是大号的，什么都可以轻松地放进去。在设计上，外面的口袋用水玉图案装饰，吸人眼球。包包容量超大，把它当作时尚的一部分来享用吧。

[制作方法]— p.50

内袋可以搭配你喜欢的印花布。一眼看去时，心情也会变得好起来。

水玉图案可以用热转印纸制作。像剪纸一样，大致地剪出圆形，然后用熨斗熨烫转印上去。

## 2. *Trapezoid Bag with a Grommet Handle*

# 嵌入式提手梯形包

这款包设计简洁，使用了仿鹿皮和嵌入式提手，使包包有了一般手作包包看不到的挺括感，很适合上班族。侧片较宽，所以即使要装很多东西，也不用担心。

[ 制作方法 ]— p.52

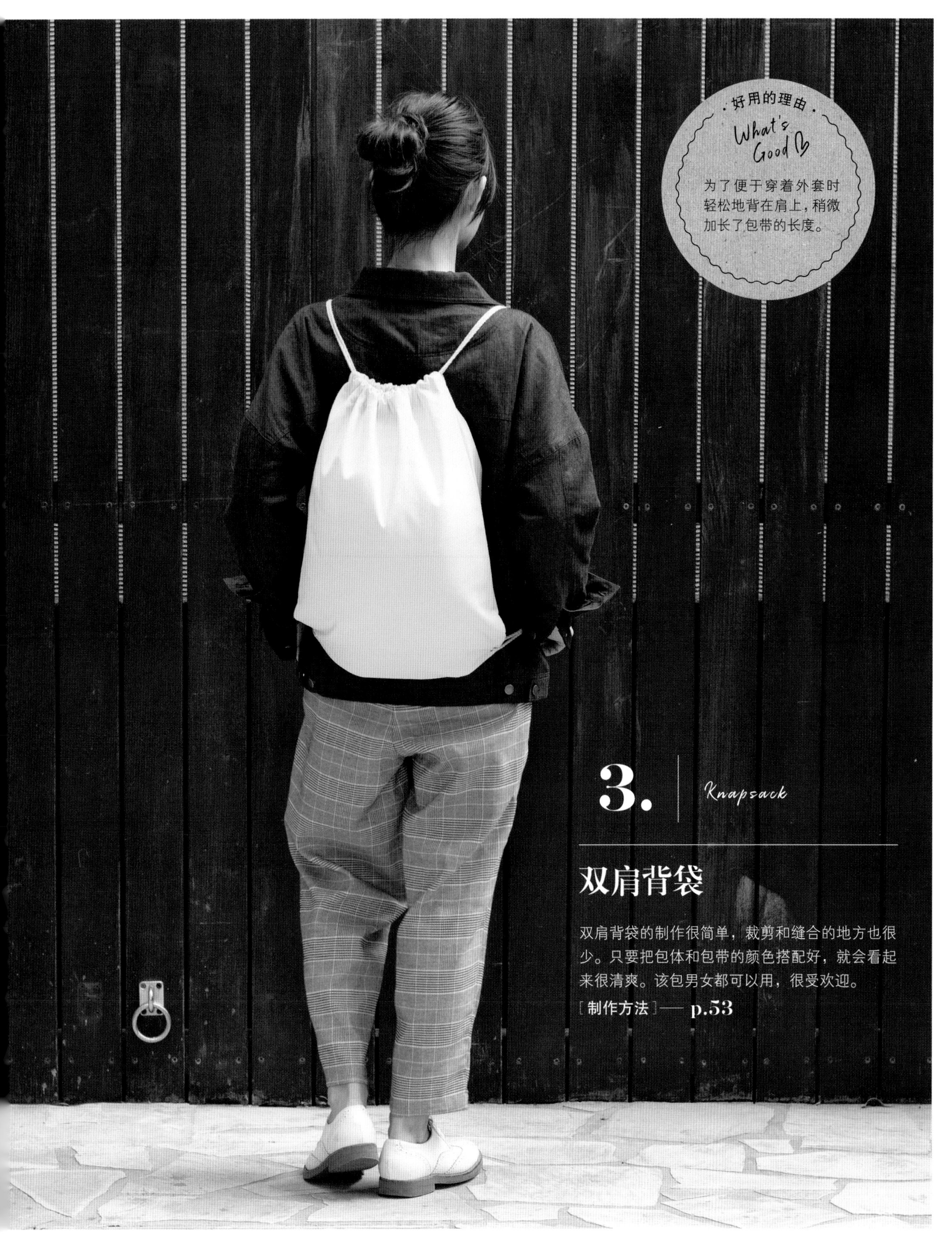


# 3. Knapsack

## 双肩背袋

双肩背袋的制作很简单，裁剪和缝合的地方也很少。只要把包体和包带的颜色搭配好，就会看起来很清爽。该包男女都可以用，很受欢迎。

[制作方法]— p.53

# 4. Chubby and Round Shoulder Bag

## 橄榄球形背包

**S / M / L**

该包的特点是由4片布片缝制而成，形状浑圆，像橄榄球。本款包有3个尺寸，实际的容量比外观更大，用过就会爱上它，真的是很棒的一款包。

[制作方法]— p.60

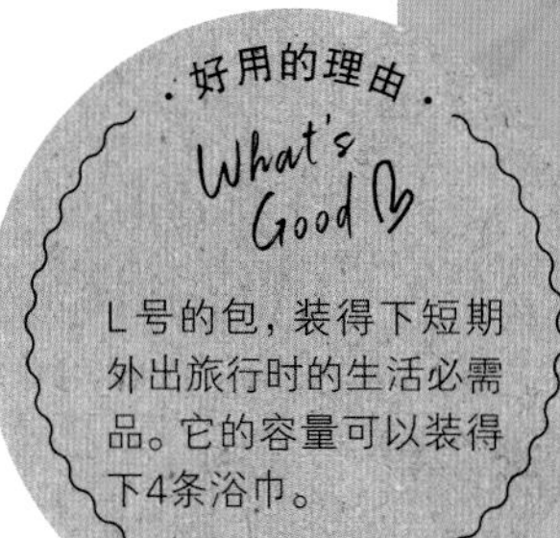


这款宽条纹图案的包包，看上去十分清爽。这种设计不论什么年龄都可以使用，建议用于孩子的社团活动，也可以当作书包来使用。

M

把包带调短，斜背，就可以作为随身包来使用。

这款包的材质是尼龙的，如果脏了赶快擦一擦就干净了，打理起来很轻松。包包很轻，但很耐磨，用它来装跑步或者骑车时的用品，怎么样?

S号的包带可以用插扣来固定。系在腰上，就可以作为腰包来使用了。

这款包折叠起来呈扁平状，携带很方便，还可以把它放入旅行箱中。

为防止4片布的条纹错位，要把顶点对齐，这是让成品更完美的关键。

把一侧的提手套在另一侧的提手上，就变成单提手了，拎在手里很可爱。

# 5. Boa Fleece Hand Bag

## 厚毛绒手拎包

秋冬季节外出时用它，心情就会好起来，因为它是用温暖的毛绒布做成的。做法是把外袋和内袋缝合在一起，留出返口，再翻到正面，这样缝份就被很好地隐藏起来了。

[制作方法]— p.78

·好用的理由·
What's Good
横向、竖向都能放进A4尺寸的东西，盛放东西很方便。

# 6. Tote Bag with a Side Pockets

## 有侧口袋的托特包

**M / L**

这款包有侧口袋，即使背在肩上，也可以很方便地把手机、记事本、笔等从侧口袋里取出来。在8号帆布上贴有厚黏合衬，包即便放在地上也不会软塌下来，非常结实耐用。

[制作方法]— p.54

包形是基础款，上班、上学、休闲外出时都可以用得上。

侧口袋打了褶子，增加了容量，所以拿取方便，也装得下有厚度的物品。

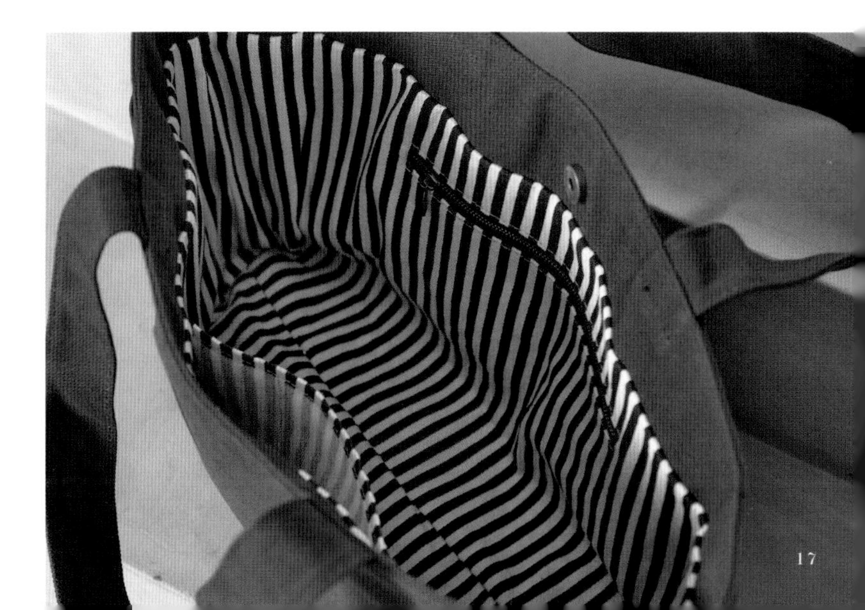

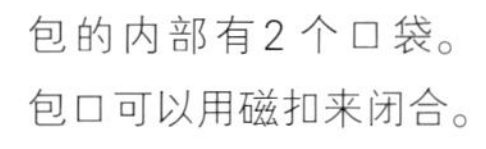

包的内部有2个口袋。
包口可以用磁扣来闭合。

# 7. Sacoche

## 小物袋

这款小物袋适用于户外活动、运动等场合。材料经过覆膜涂层加工，所以防水、耐脏。包体和口袋分别安有拉链，只把两侧缝合就可以完成，制作非常简单。

[ 制作方法 ]— p.49

# 8. Mini Tetra Bag

## 三角粽子包

该包是可爱的四面体，容易搭配。由4片三角形的布片缝合而成。可以装零钱、手机、手帕等随身小物。

[制作方法]— p.75

·好用的理由·

What's Good

三角形的一边用拉链来闭合，所以开口大，便于拿取东西。

# 9. *Boston Bag*

## 波士顿包

制作这款包时，想为讲究衣着的人所用，容量一定要大。短途旅行时能装得下2~3晚的行李。不用的时候，把它铺平、折叠起来，不占地方且容易收纳。

[制作方法]— p.62

在拉链布耳上安装了四合扣。扣上四合扣，袋口就变成稍微紧凑一些的形状了。

在包的内侧添加了带按扣的口袋。小东西装在里面也很容易找到。

# 10. Organizer Pouch

## 收纳包

**S / M**

这款包对收纳衣服、小物有帮助。包身两侧向内侧折叠，比想象的更能装。不装东西的时候是扁平的，所以放在包包里不占地方，也可以作为手拎袋使用。

［制作方法］— p.66

# 11. *Mini Tote Bag*

## 迷你托特包

把p.16的托特包改成精致小巧的包型，另外还加上了棉织带。背着它遛狗，或者在附近购物时使用都很方便。

[制作方法]— p.58

包口开得很大，里面的东西
一目了然，拿放都很方便。

包绳的端头用流苏装饰，起到
点缀作用。

# 12. Drawstring Shoulder Bag

## 民族风束口袋

束口袋的包底是圆形的，在包体上打褶，就成了圆滚滚的形状。印花纹样具有民族特色，有夏季的感觉，但是也可以与秋冬的针织衫或者外套搭配，一年四季都可以用。

[ 制作方法 ]— p.64

# 13. Chubby and Round Backpack

## 圆形双肩包

**S / M / L**

想要各种尺寸的双肩包，不仅能与各种西式服装搭配，而且方便、有形，于是就设计了这款包。开口在侧面，视觉效果很清爽，有防盗功能，使用起来让人放心。

[制作方法]— p.40

·好用的理由·

What's Good

M、L号在包体的侧边安有拉链口袋，可以装零碎物品。

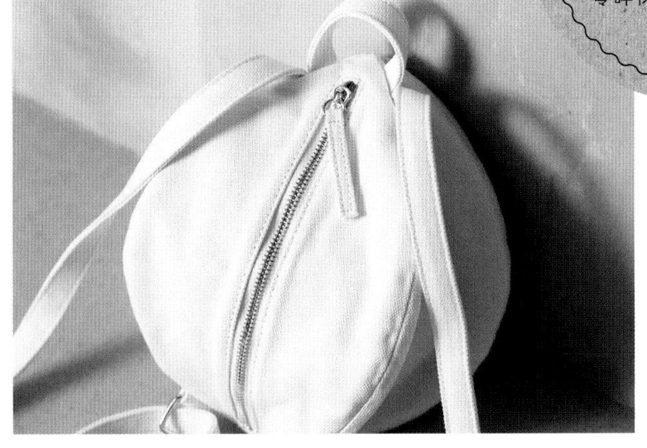

包包背部的拉链开得很大，所以拿取东西很方便。

S号虽然小，但是可以装得下常用的物品。结合双肩包的尺寸，把背带的宽度也变窄了。

# 14. *Reversible Clutch Bag*

## 两用包

这款包前、后用了不同颜色的布。折叠包盖时，呈现出两种颜色。可以手拿，安上包带也可以肩背，可以享受不同的使用方法。

[ 制作方法 ]— p.76

把包带和嵌入式皮革提手一
起使用，颜色一致，很和谐。
包带还可以卸下来。

东西多的时候，可以直接拎
着，不用折叠包盖。

# 15. *Round Tote Bag*

## 圆形托特包 S / M

该款托特包圆乎乎的，十分吸人眼球。装入东西后为了让包形也能保持漂亮的形状，把内侧的缝份用包边条包住，从正面又机缝了一圈。有厚度的地方，请注意要仔细地缝好。

[ 制作方法 ]— p.68

此包开口的拉链使用的是“逆向双开拉链”。拉头是从两端向中间拉，所以不论左右，从哪个方向都可以拿取，非常方便。

把M号的一个内袋做成横向的大袋子，可以收纳电脑。放下包时，为了不让电脑触底受损，提高了内袋的位置，这也是该包的亮点。

# 16. Reversible Shoulder Bag

## 两用单肩包

考虑如何配色是一件开心的事，该包正反两面的两个颜色都能使用。在设计上，包的侧片延伸出来成为提手。这是一款既可以手提，也可以单肩背的两用包。

[ 制作方法 ]— p.70

·好用的理由·

What's Good

提手的宽度为10cm，可以减轻肩部的负担。

# 17. Frilled Handle Tote Bag

# 褶皱提手的托特包

包身形状简洁，提手用褶子来装饰，给人印象深刻。褶子是把打褶后的条状布缝在提手上而完成的。包身是纯色的，给人成熟的感觉。

[ 制作方法 ]— p.72

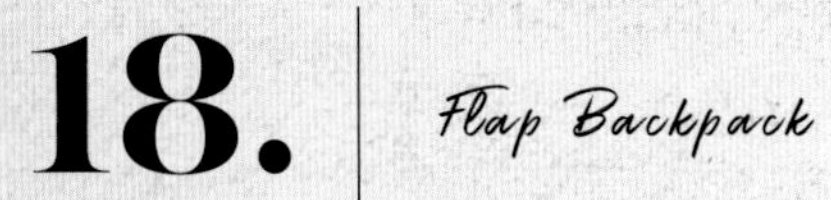


# 折口式双肩包

在设计上，用四合扣来开启、闭合，把开口折叠起来就成了包盖。包底设计得较宽，所以收纳能力强大。使用的布料是绗缝布，所以制作起来非常轻松。

[制作方法]— p.74

# 19. *Boa Fleece Drawstring Bag*

## 厚毛绒束口袋

束口袋的底是圆形的，穿上长皮革绳作为提手。机缝厚毛绒时，为了不缝偏，操作速度要慢。

[制作方法]— p.79

# 20. Clutch Bag

## 手拿、肩背两用包

这款两用包使用的是仿鹿皮，在设计上给人清爽、成熟的感觉。在制作方法上，直线裁剪、直线缝合，很简洁。可以用来装资料和图书，非常适合用于办公场合。

[制作方法]— p.77

Basic Lesson

# 基础知识

汇总了实物大纸型的使用方法、布的裁剪方法，
以及经常出现的用语、开始制作之前需要知道的知识等。

## 布料的准备

为了防止作品完成后变形，布在裁剪前需要用熨斗把布的经线、纬线熨平。正式熨烫前，先在布的端口处试一下，如果蒸汽熨烫后没有水垢，再用蒸汽熨烫来整形，这样熨烫出来的物品会很漂亮。如果担心洗涤后布会缩水，就把布在水里泡一晚上，阴干，在没干透的时候熨干、熨平。

## 实物大纸型

### <使用方法>

*从实物大纸型中找出需要的纸型，把它描在转印纸或者硫酸纸上后使用。

*实物大纸型包含缝份。描出粗的裁剪线就可以了，细线是添加的大致完成线，可以不描出来。

*实物大纸型的有无是根据作品、部件的具体情况来决定的，请在制作方法页的裁剪图处查看。只有直线设计的部分，不需要制作纸型，只需要参考裁剪图上的尺寸，在布的背面直接画线，或者自己画出纸型后再裁剪。

### <描图方法>

各种不同的线交会在一起，所以用记号笔或者彩色铅笔等来画吧。如果用的是消色的记号笔，使用后线迹会自动消除，非常方便。

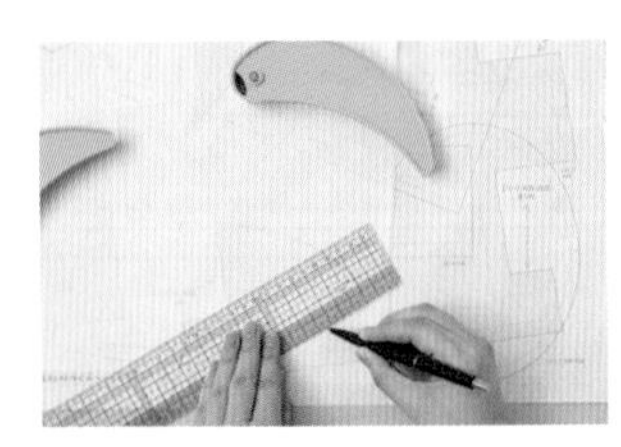

①把透明纸放在实物大纸型需要描出的地方，用类似镇纸等有分量的东西压住，把需要的粗线画出来。

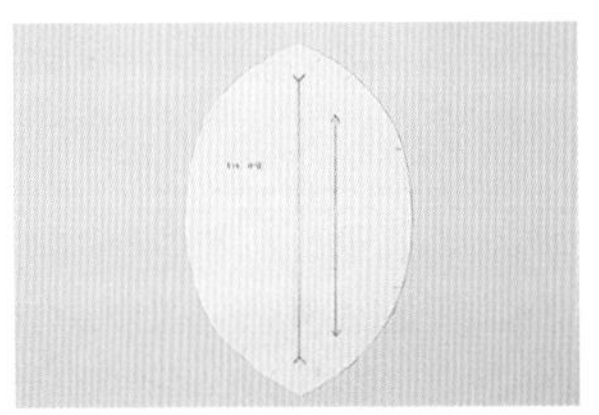

②除了标出所需部位的名称，还需要画出布纹、对齐记号、安口袋的位置等，然后再剪下来。

### <纸型里面的记号>

↕ **布纹线**
与布耳平行的竖向布纹

┆ **折线**
在这条线上折叠布，是山折线。

├ **对齐记号**
2片布缝合时，为防止出现错位或者长短不一致，而标出的记号。

## 裁剪、标记号

*参照制作页的裁剪图，确认好布纹和布纹线后，摆放纸型。根据选定的布的宽度、图案，可能会需要重新摆放纸型，所以裁剪前，请先摆放纸型，确认好。

*有些部分是没有实物大纸型的，它的缝份尺寸标在制作方法页的顺序图解上。

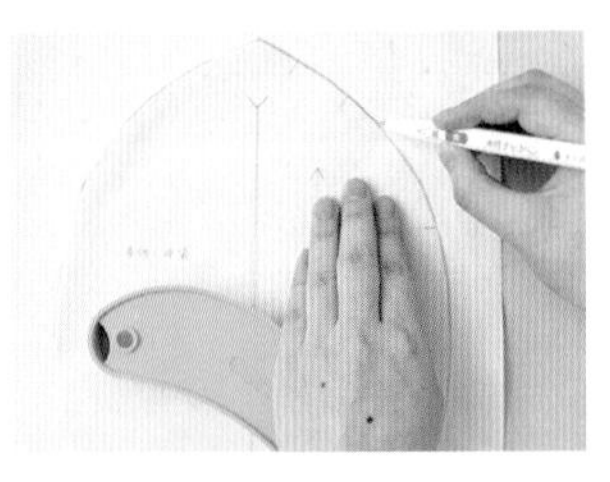

①把纸型放在布的背面，用镇纸压住，然后用画粉或者水消笔等画出纸型的轮廓。

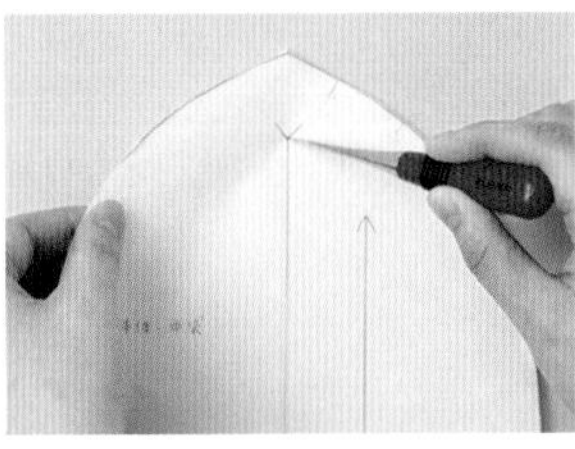

②沿着步骤①的画线裁剪。需要标出安口袋的位置、止缝点时，在它的拐角、端口处用锥子轻轻地扎出记号，再用水消笔在记号上标注。

## 常用制作用语

**正面相对** 把2片布的正面对齐

**反面相对** 把2片布的反面对齐

**折线** 指的是把布折叠时的山折线

**返口** 布缝合后，为了把布翻到正面，一部分不缝合而留出的口，翻到正面后，这个口需要缝合

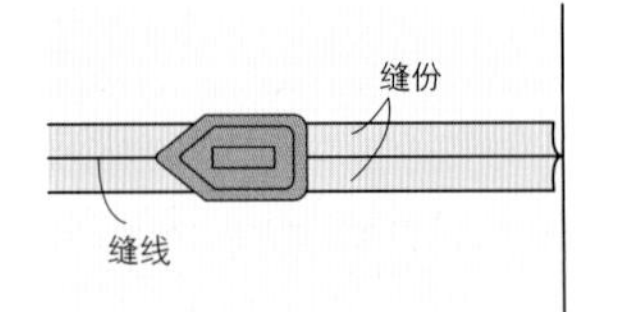


**分开缝份**
把缝份分开，用熨斗熨平。

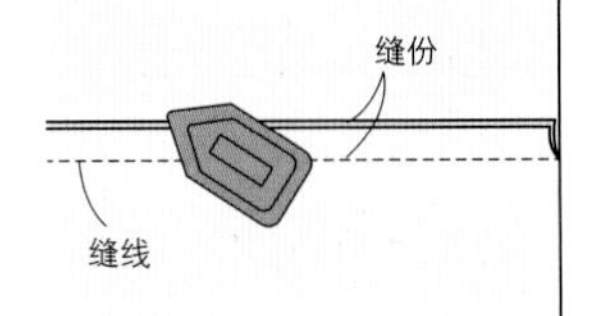


**倒缝份**
把缝份倒向一侧，用熨斗熨平。

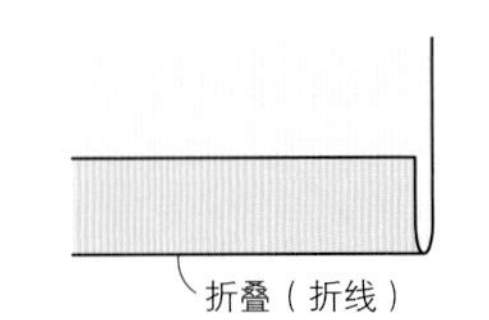


**折叠1次**
把布边折叠1次，然后用熨斗熨平。

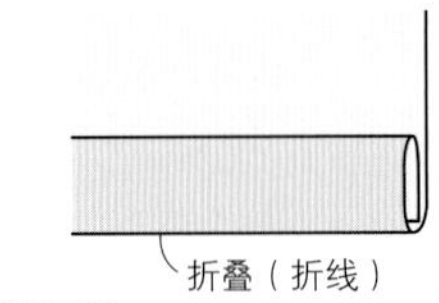


**折叠2次**
把布边折叠2次，然后用熨斗熨平。

## 线和针的准备

机缝线和机缝针，要使用与布匹配的。可粗略地根据右边的表格进行选择，实际使用前，用布头试验后再缝。

| 布 | 机缝线 | 机缝针 |
|---|---|---|
| 薄质地（平纹织布等） | 90号 | 9号 |
| 普通质地（密织平纹布、华达呢） | 60号 | 11号 |
| 厚质地（8号帆布、仿毛皮、绗缝布） | 30号 | 14号 |

<本书中主要使用的布>

11号帆布

尼龙布

防水布

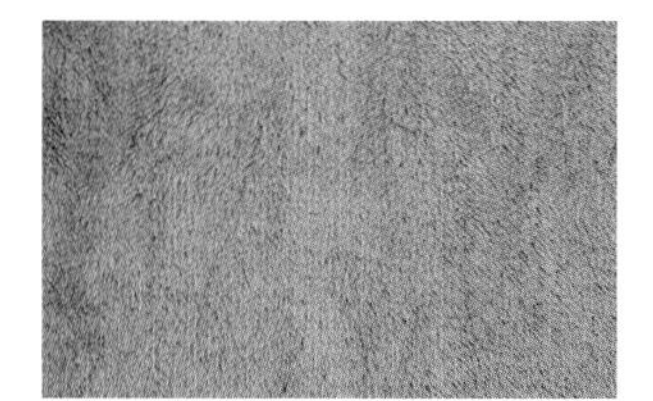
仿毛皮

仿鹿皮

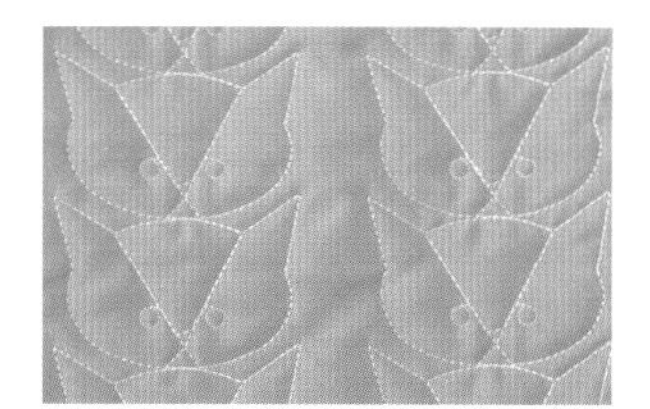
绗缝布

## 机缝

＊如果感觉布前进时不顺滑，请把缝纫机的压脚换成特氟龙压脚。另外，如果感觉缝纫机的针底板一侧不顺滑，可以在布的下面垫上硫酸纸，缝完后，再把硫酸纸撕开取下来。

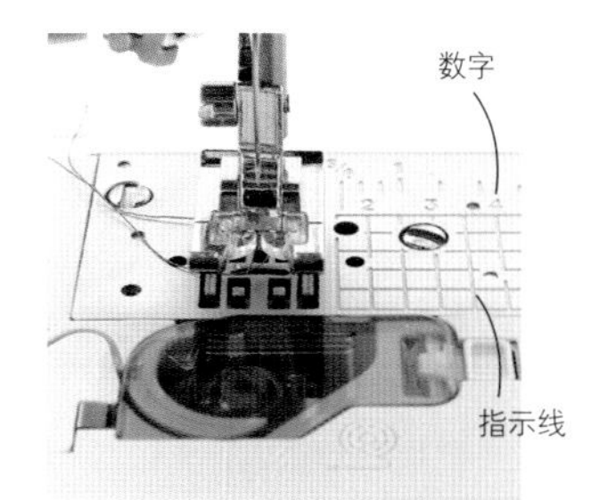

＊为了不画完成线，可以利用位于缝纫机缝合侧、缝纫台上标注的指示线。数字显示的是落针位置到线之间的距离。

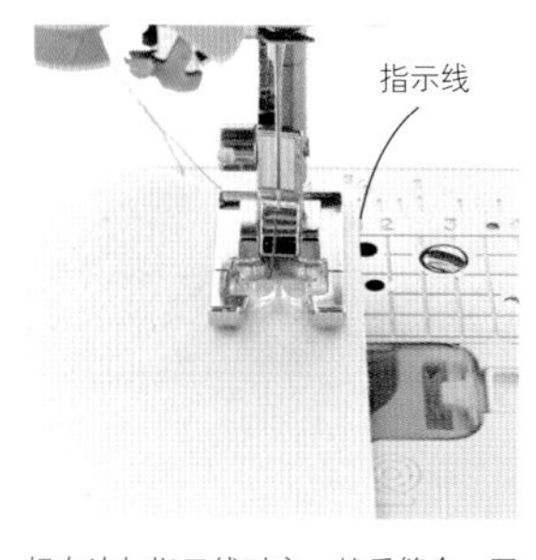

把布边与指示线对齐，然后缝合。图中的缝份为1.5cm。

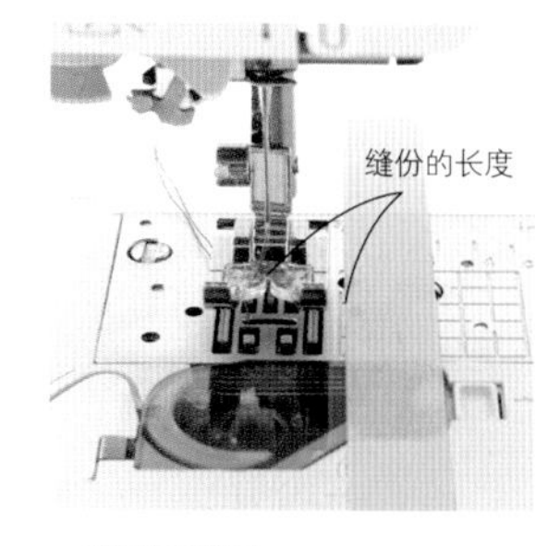

<没有指示线时>
测量出从落针处到缝份的距离，在缝纫机台面上贴上胶带，胶带的端口就可以作为指示线了。

## 仿毛皮的裁剪

仿毛皮有毛的朝向，所以裁剪时需要注意毛的朝向。本书使用的仿毛皮，毛较短。

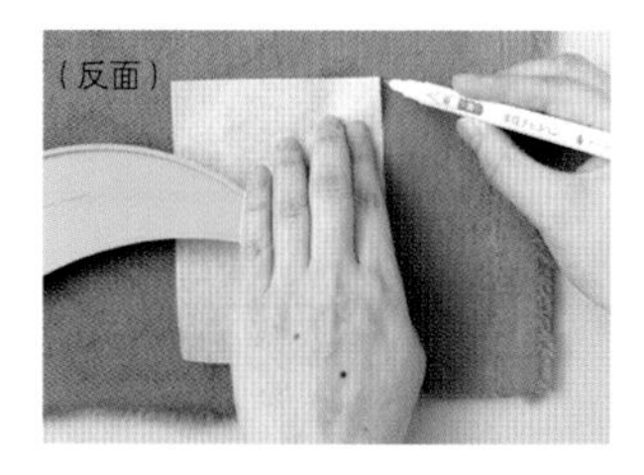


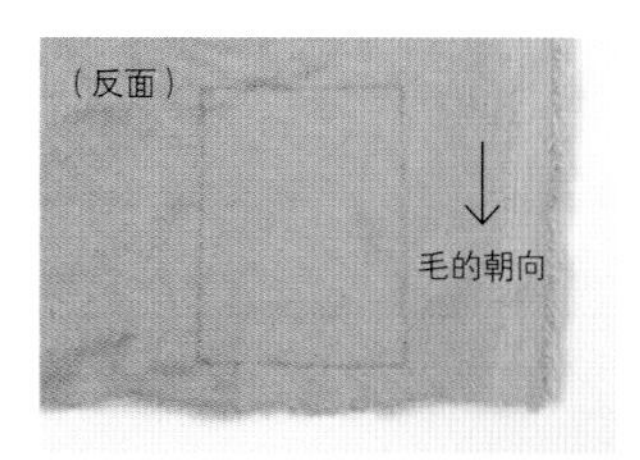


①在反面放上纸型，用画粉或者水消笔画上记号。

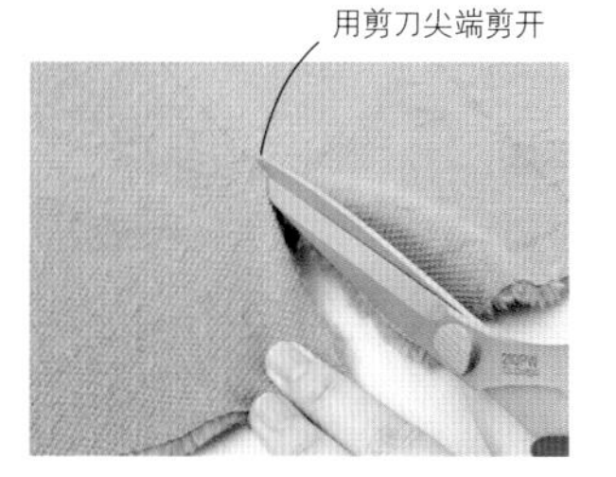


（正面）

②为了尽可能不剪到毛，不用刀身，用刀尖来剪底布。

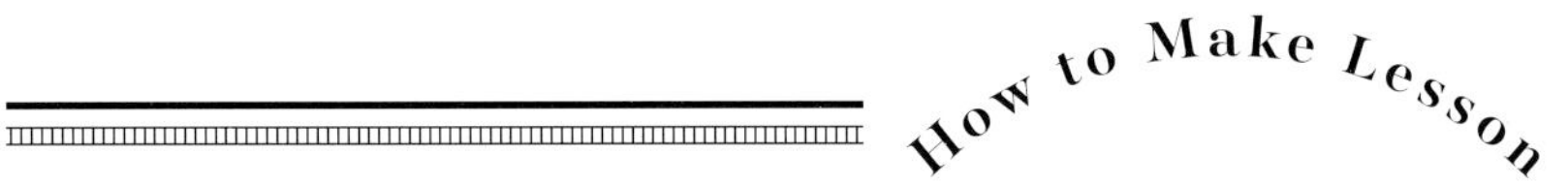


# 制作方法教程

【作品13圆形双肩包（p.26、p.27）】是本书中最受欢迎的课程，它的制作方法，附上图片在此进行解说。
还有其他作品的制作步骤，供大家参考。

※为了让大家看清楚要强调的部分以及缝线，制作时使用了与实际作品不同颜色的布和线

## 13.圆形双肩包

**S / M / L**

[图片]—— p.26、p.27

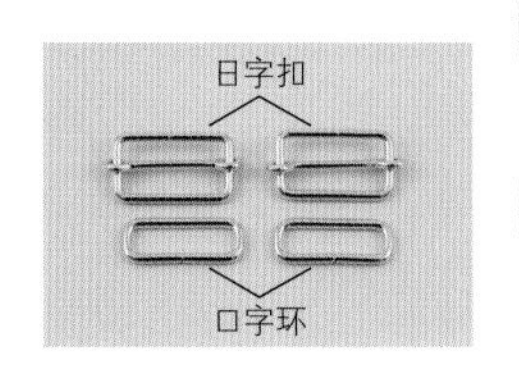


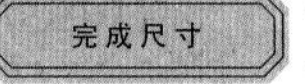


〈S〉18.5cm×30cm×18.5cm
〈M〉21.5cm×35cm×21.5cm
〈L〉25cm×52cm×25cm

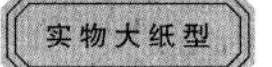


B面…外袋、里袋、内口袋、侧口袋（M/L）

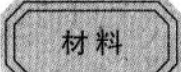


〈S〉白色8号帆布…110cm×55cm
条纹棉布…110cm×40cm
长23cm的拉链…1根
长11.5cm的拉链…1根
内径2cm的口字环…2个
内径2cm的日字扣…2个

〈M〉灰色8号帆布…110cm×70cm
条纹棉布…110cm×70cm
长28.5cm的拉链…1根
长15cm的拉链…1根
长14cm的拉链…1根
内径3cm的口字环…2个
内径3cm的日字扣…2个

〈L〉黑色8号帆布…110cm×110cm
条纹棉布…110cm×110cm
长37.5cm的拉链…1根
长19cm的拉链…2根
内径4cm的口字环…2个
内径4cm的日字扣…2个

裁剪图

※单位为cm，包含缝份
※双肩包带、口字环布耳、提手都是直接在布上画线后裁剪

Ⓢ 外袋　白色8号帆布

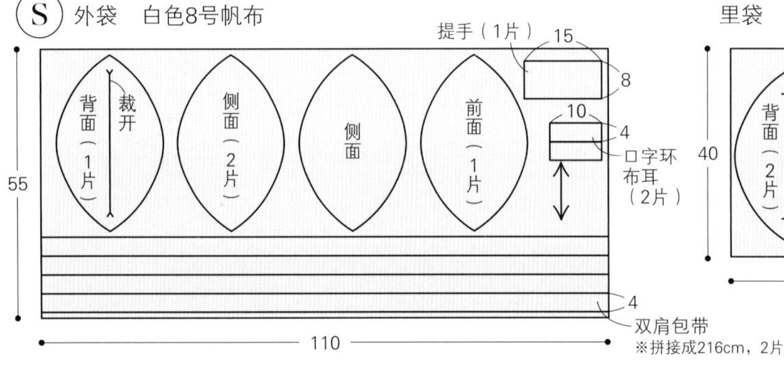


里袋　条纹棉布

背面（2片）
背面
侧面（2片）
侧面
前面（1片）
裁开
内口袋（1片）
40
110

Ⓜ 外袋　灰色8号帆布

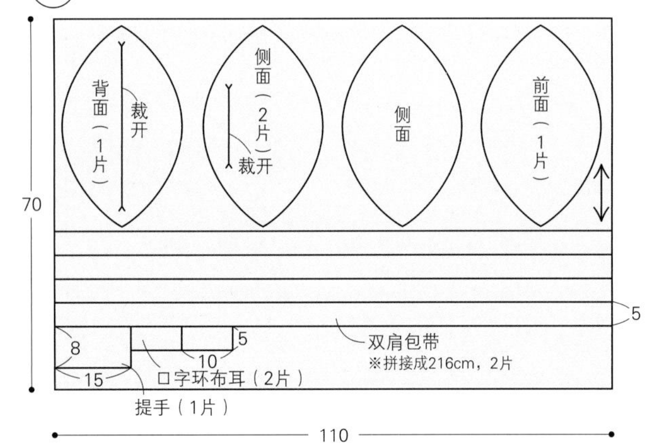


里袋　条纹棉布

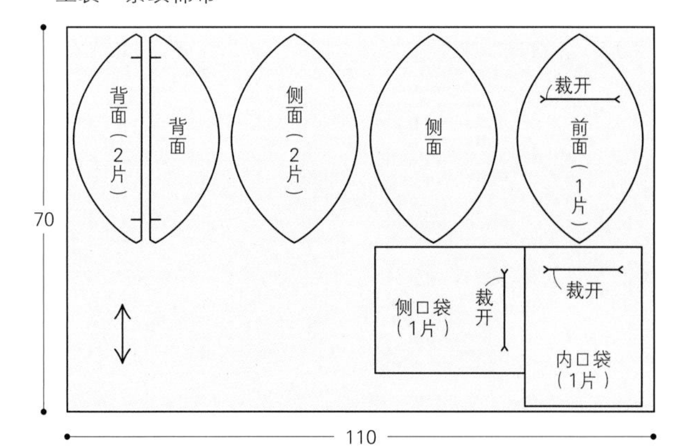

*Preparation*

## 调整拉链的长度

如果买不到想做的作品中指定尺寸的拉链，可以自己调整。方法是准备比指定尺寸长的拉链，再裁短。在这里，介绍一下本书中使用的金属拉链的调整方法。

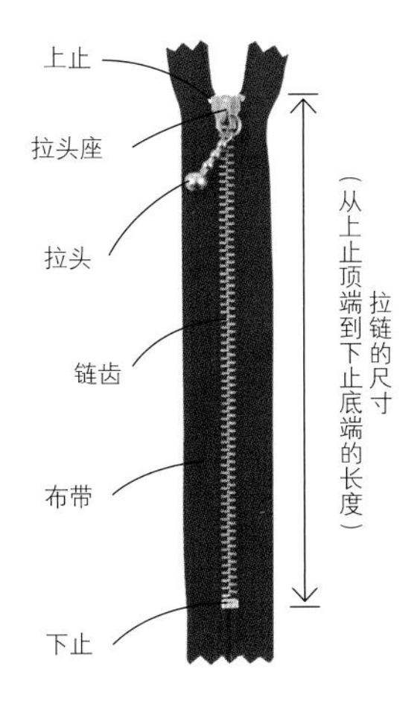


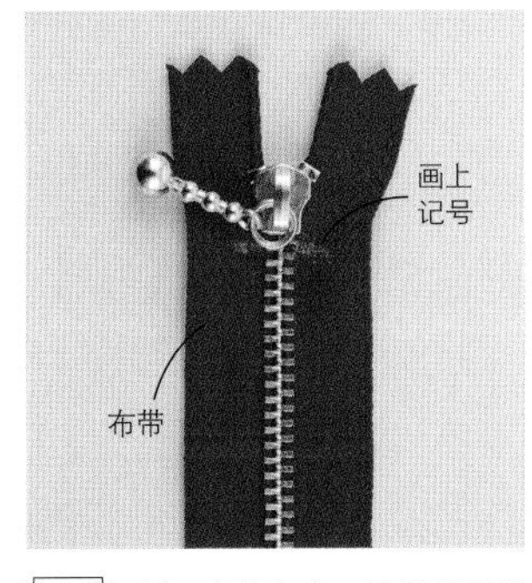


**1** 以下止为起点，量好需要的长度，在上止处做上记号。

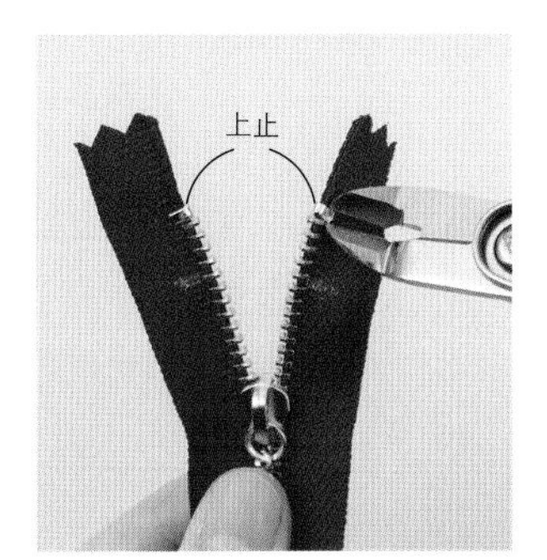


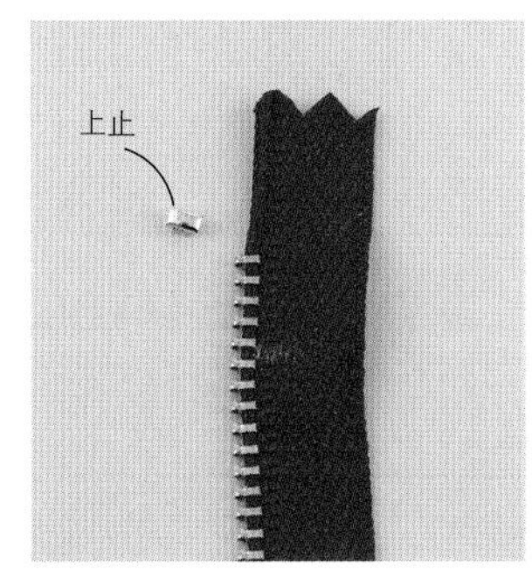


**2** 用钳子去掉上止。去掉的上止以后还要用到，所以尽可能不要损坏、丢失。

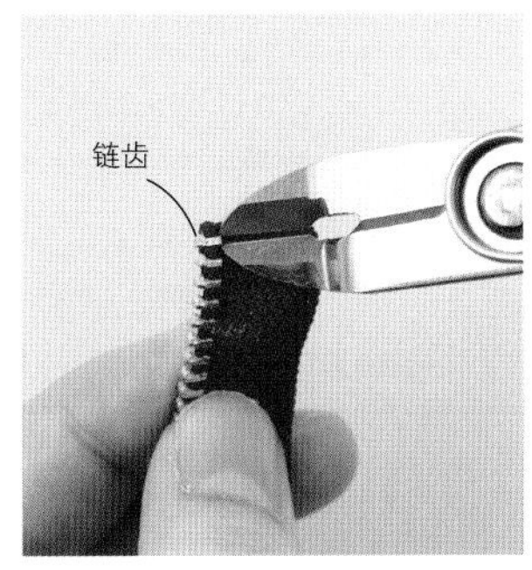


**3** 分别去掉两侧的链齿，把从上端到记号的链齿都去掉。注意不要伤到布带。

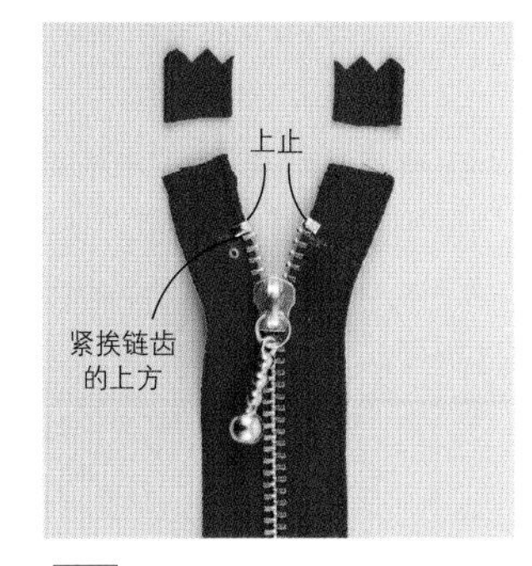


**4** 把步骤**2**去掉的上止重新安在紧挨链齿的上方，再用尖嘴钳夹紧，固定。剪去多余的布带。

---

**L** 外袋　黑色8号帆布

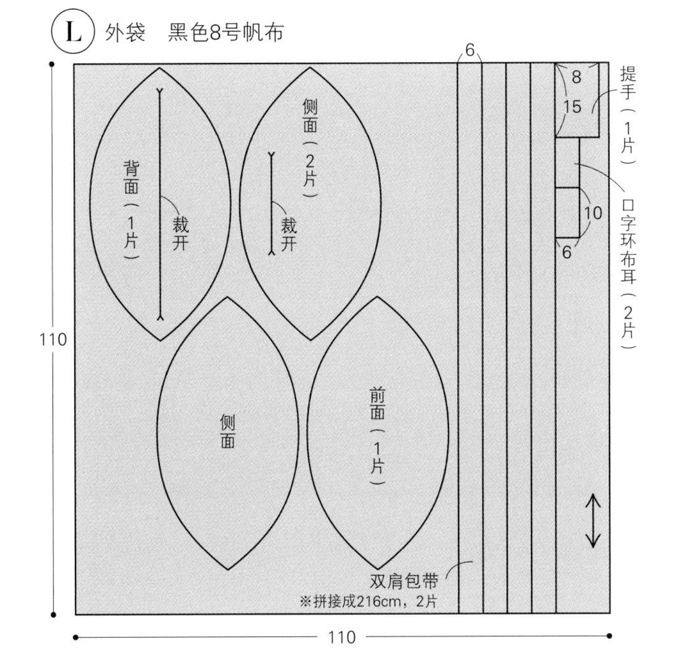


里袋　条纹棉布

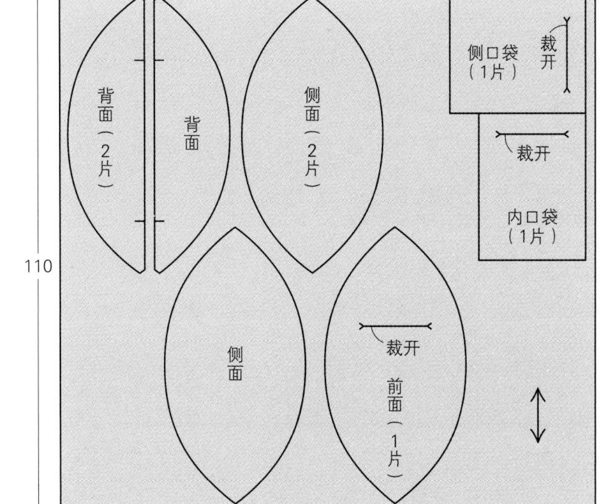

## Step 1. 制作里袋上的内口袋

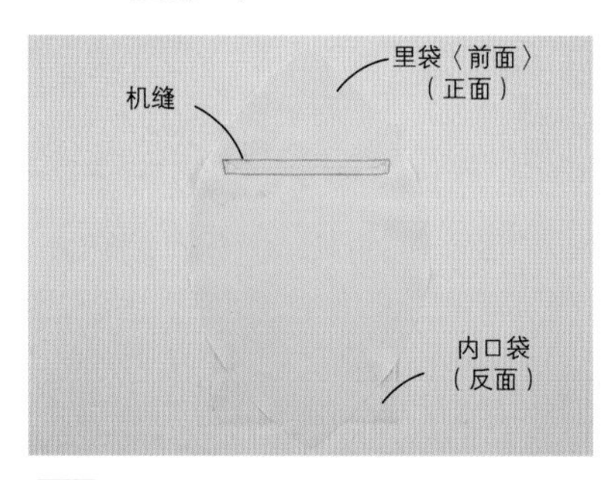


1 把里袋（前面）和内口袋的开口线反面相对对齐，用大针脚机缝口袋口，缝成一个方框形。

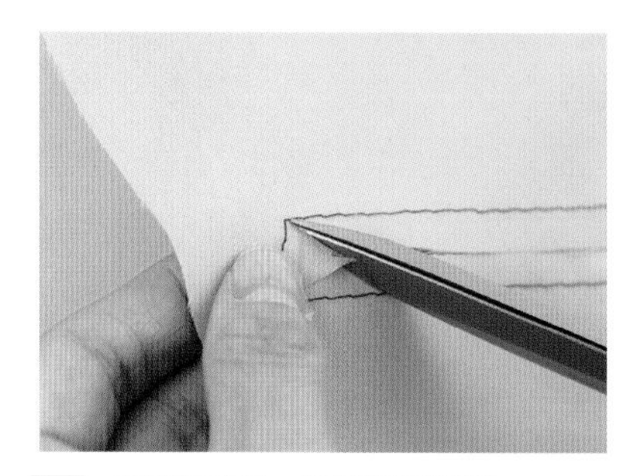

2 把口袋口剪开，把两侧剪成Y字形。

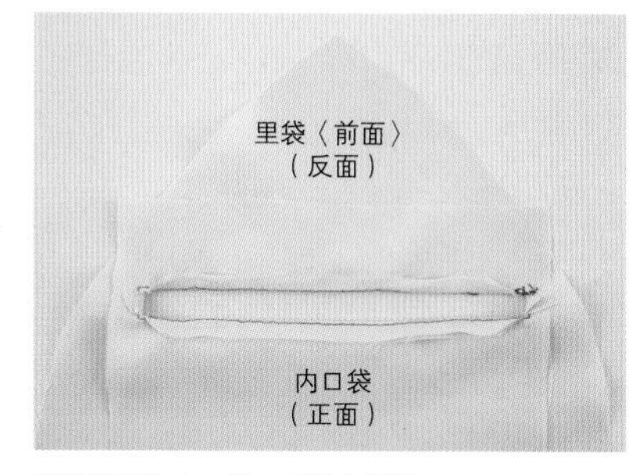


把缝份折向内口袋，用熨斗熨平。

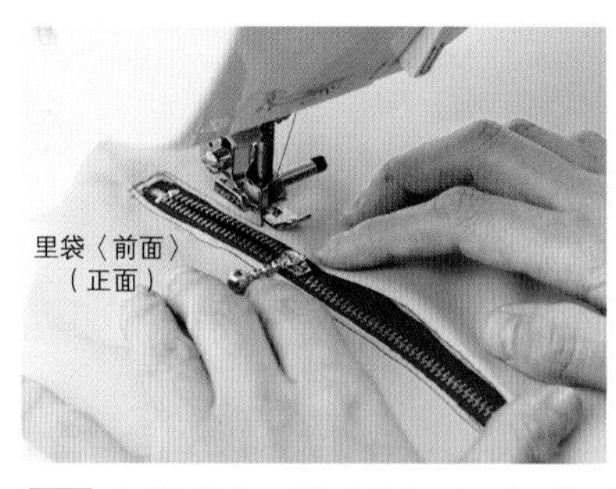


3 把缝纫机的压脚换成单边压脚。在口袋口的背面叠放上长度S号11.5cm、M号14cm、L号19cm的拉链，从正面机缝口袋口1圈，缝成方框。

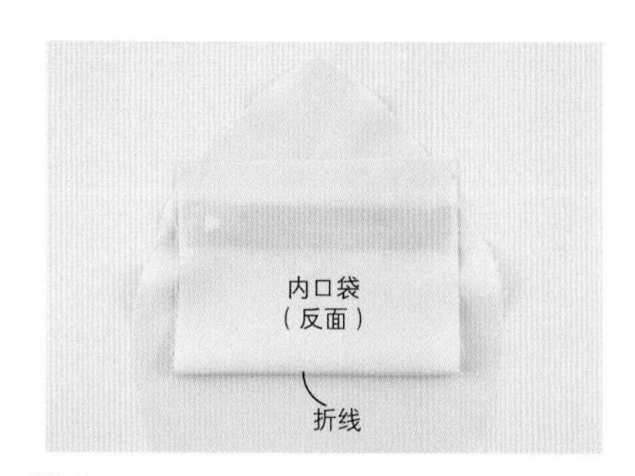


4 把内口袋正面相对，对折。

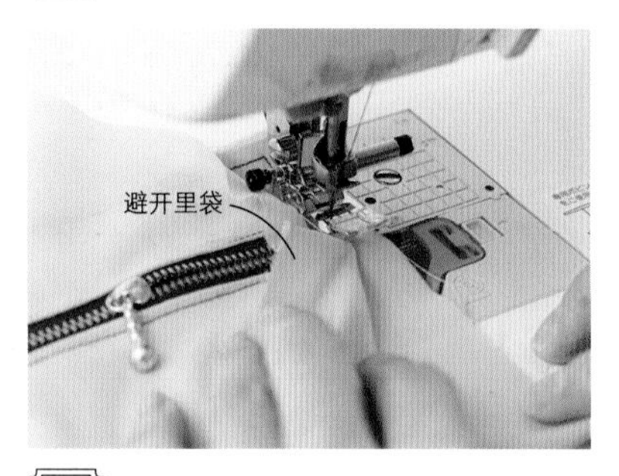


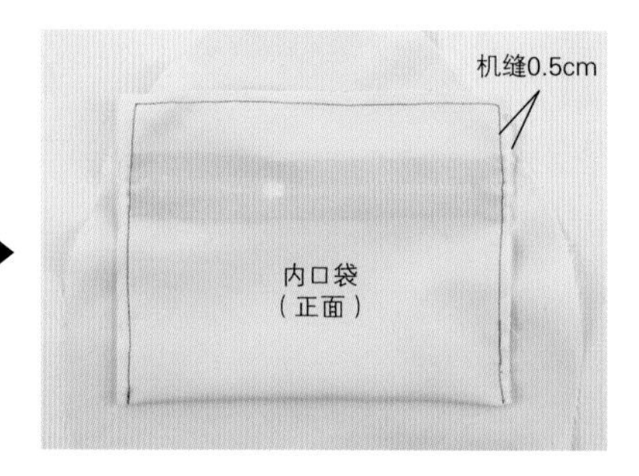


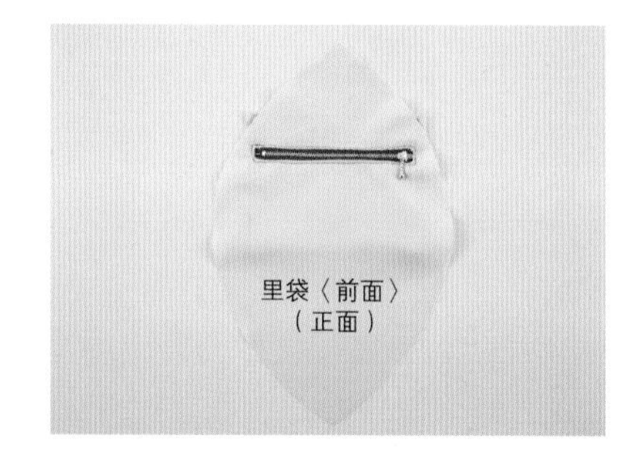


5 翻到正面，避开里袋，把内口袋的侧边和上端缝合，缝成袋状。

## Step 2. 缝合里袋

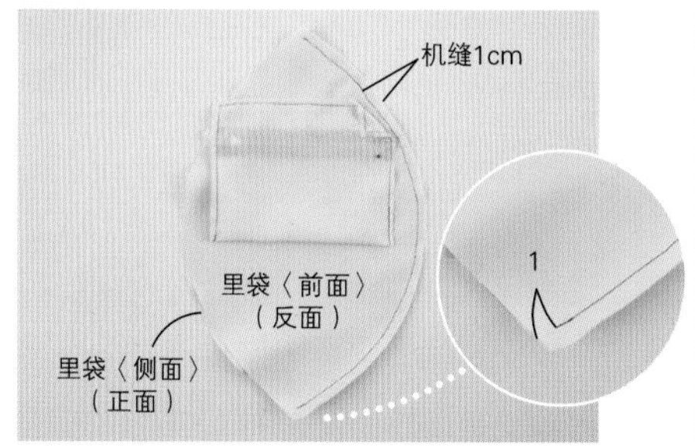


1 把Step 1安好内口袋的里袋（前面）和1片里袋（侧面）正面相对对齐，避开内口袋缝合侧边。起缝点和止缝点留出1cm 不缝。

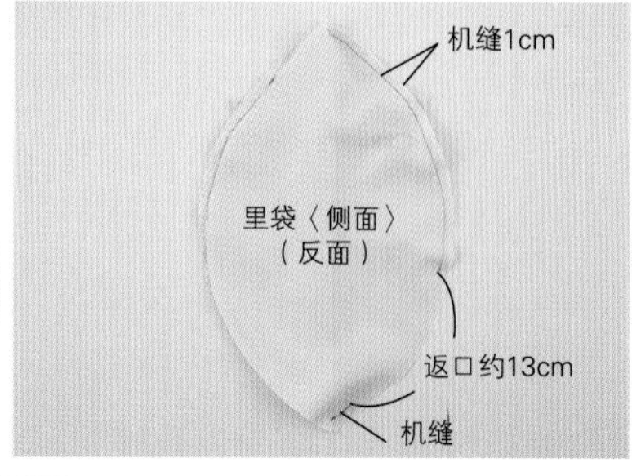


2 把步骤1的里袋（前面）和另一片里袋（侧面）正面相对对齐，留出约13cm的返口，然后缝合。起缝点和止缝点留出1cm不缝。

## Step 3. 在背面安拉链

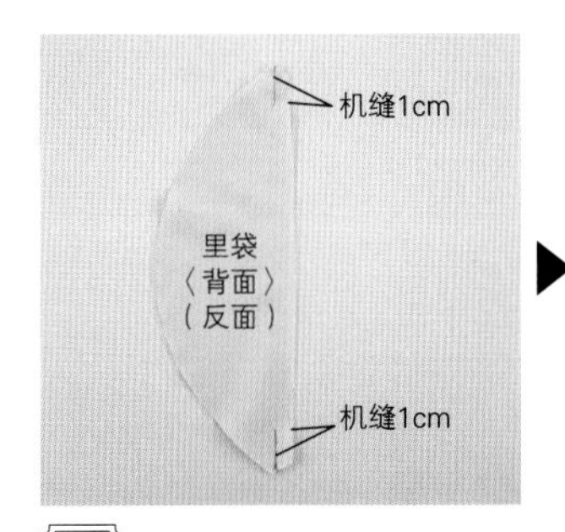


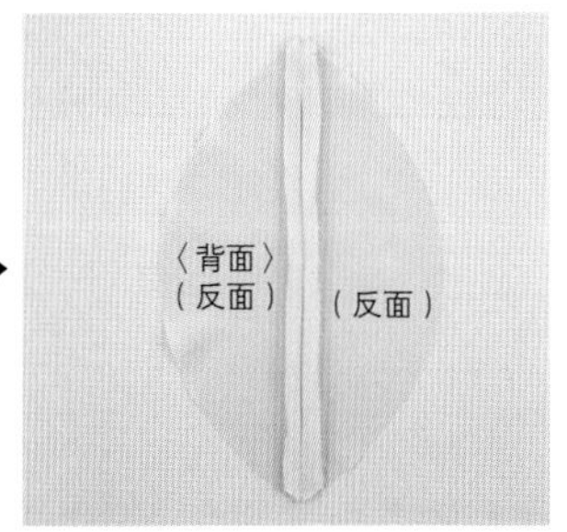


**1** 把2片里袋（背面）正面相对对齐，然后把上下缝合至止缝点，用熨斗分开缝份。

**Point** 把缝份的一部分用手工用黏合剂粘住，这样就不会乱跑，容易缝合。

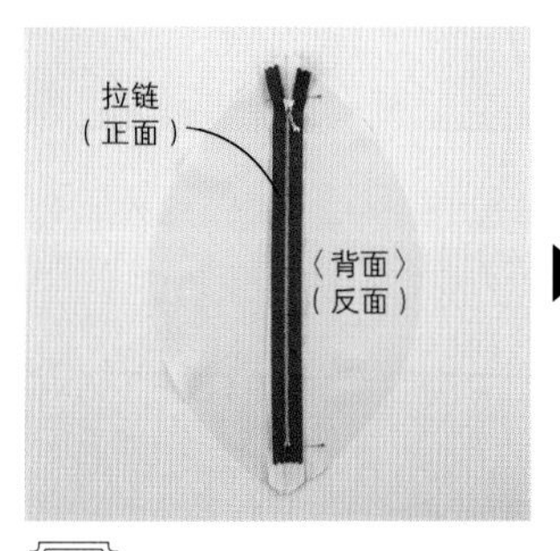

**2** 在步骤1空出部分的反面，叠放长S号23cm、M号28.5cm、L号37.5cm的拉链，拉链反面在下。把止缝点和拉链的上止、下止对齐，用珠针固定。

把缝纫机的压脚换成单边压脚，从正面缝上拉链。一边错开拉链的拉头座一边向前缝。

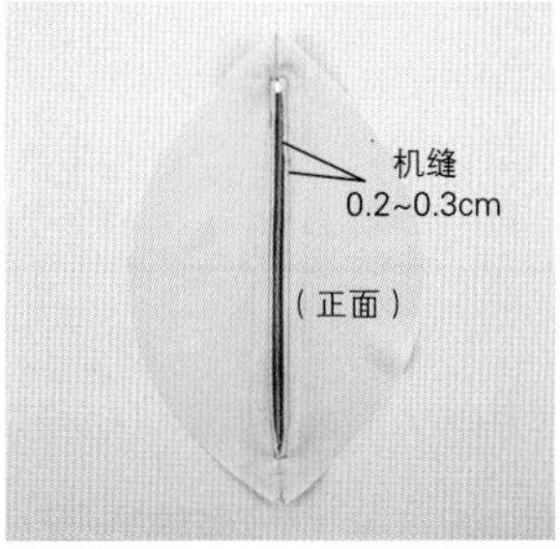

里袋〈背面〉安上拉链后的样子。

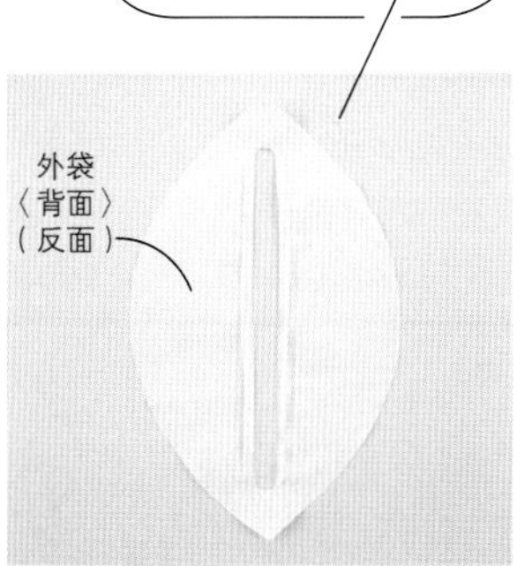


**3** 把外袋〈背面〉的开口裁开，两侧剪成Y字形。把缝份向内折，用熨斗熨平。

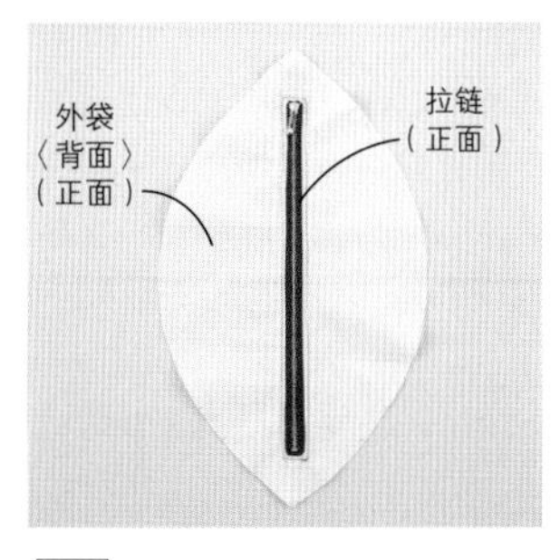

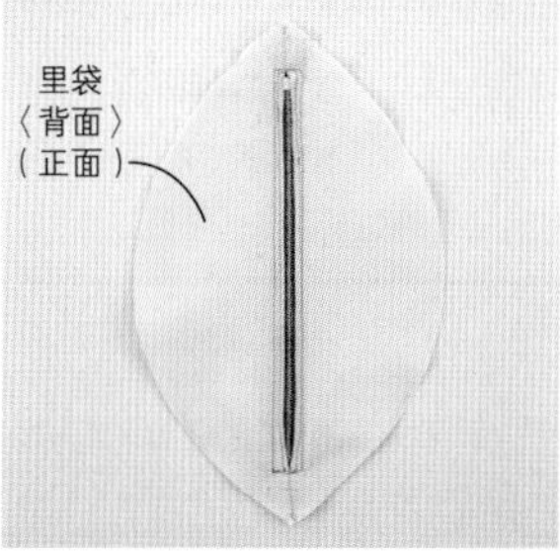

**4** 把里袋和外袋的开口反面相对对齐，在开口的四周缝一圈，缝成方框。

---

## Step 4. 给外袋制作侧口袋

※参照Step 1，S号省去这个步骤。

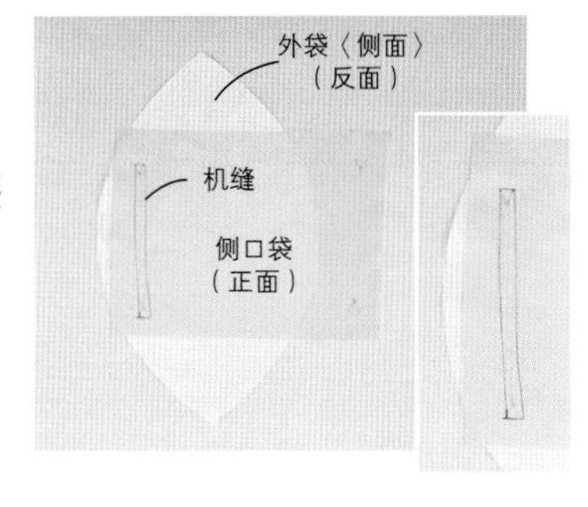


**1** 把外袋（侧面、有开口）和侧口袋的开口反面相对对齐，把口袋口用大针脚机缝一圈，成方框形。

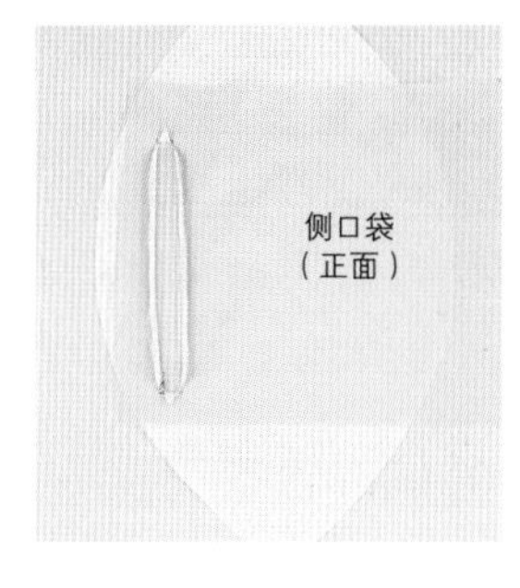


**2** 口袋口裁开，缝份折向侧口袋，然后用熨斗熨平。

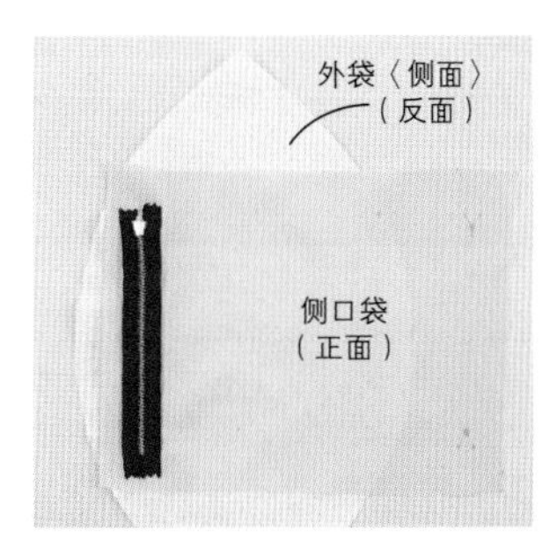


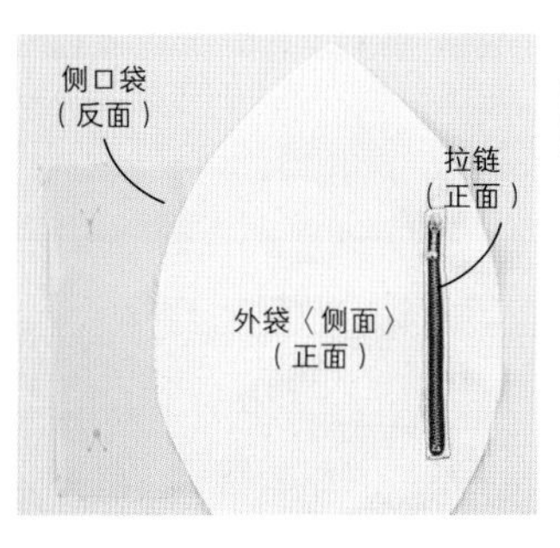


**3** 把缝纫机的压脚换成单边压脚。在袋口的反面叠放长M号15cm、L号19cm的拉链，从正面机缝袋口一圈，缝成方框。

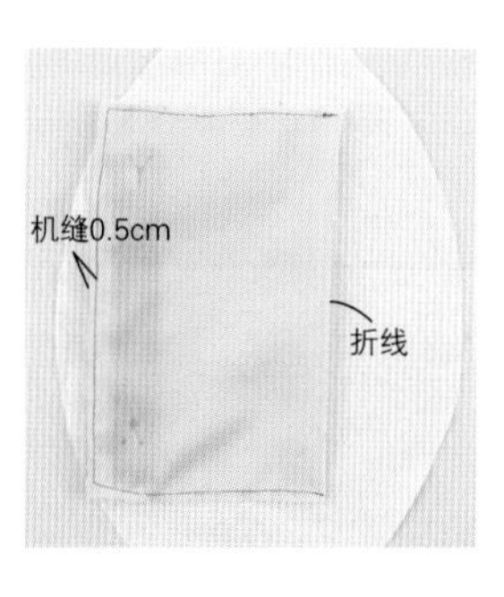


**4** 把侧口袋正面相对对折。翻到正面，避开外袋，机缝侧口袋的上下端和侧边，呈袋状。

## Step 5. 制作口字环布耳

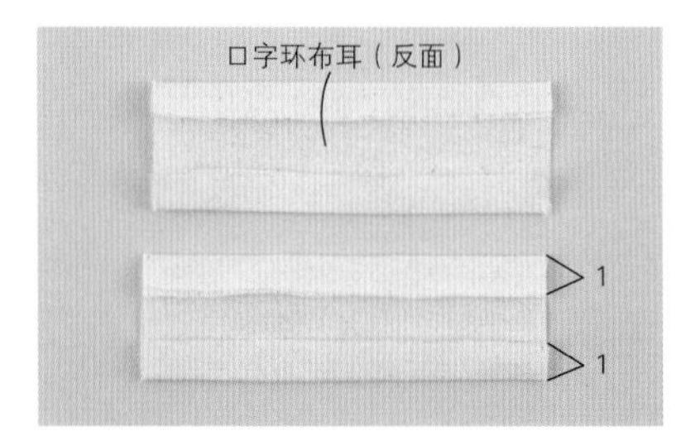


1 把2片口字环布耳长边的缝份折叠，然后用熨斗熨平。

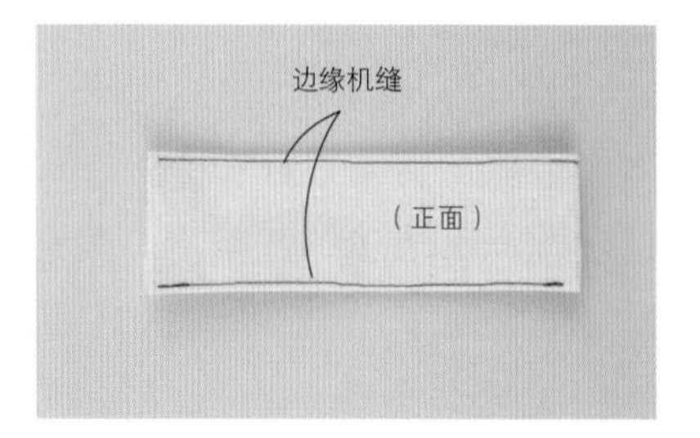


2 把步骤1的2片布反面相对对齐，缝合两侧的边。

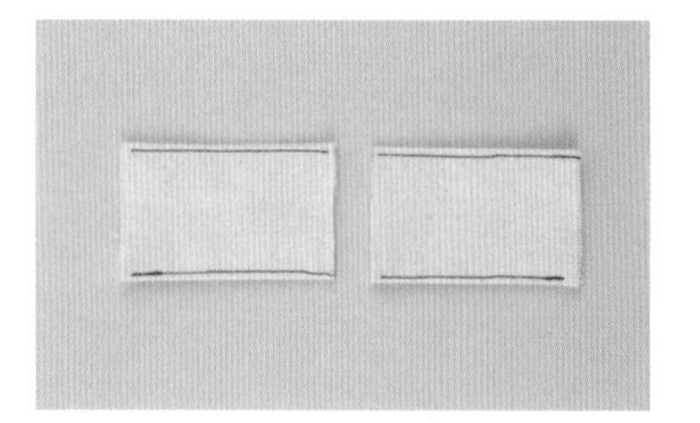

3 从中间剪开。

## Step 6. 制作提手

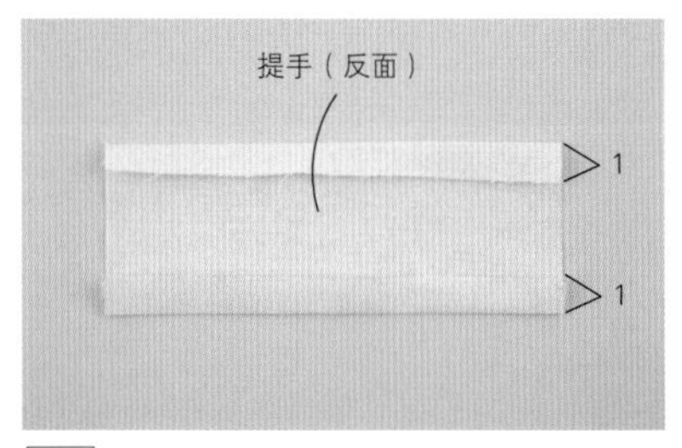


1 把提手长边的缝份折叠，然后用熨斗熨平。

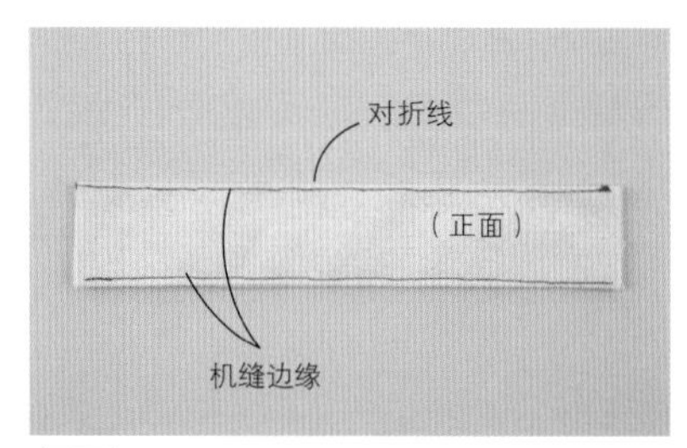


2 再对折，缝合长边的边缘。

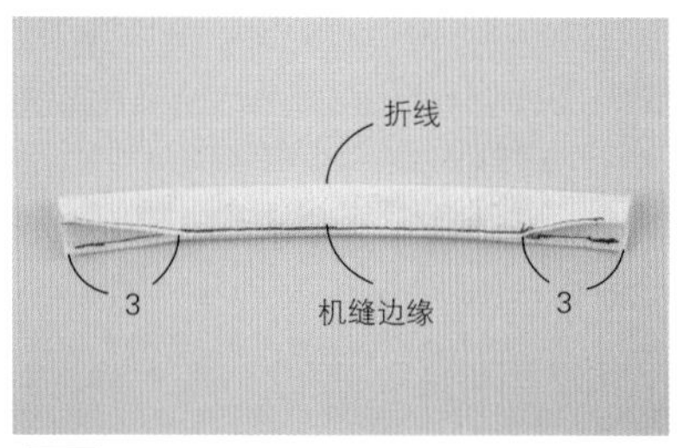


3 再次对折，两端留出约3cm不缝，缝合其余部分。

## Step 7. 制作双肩包带

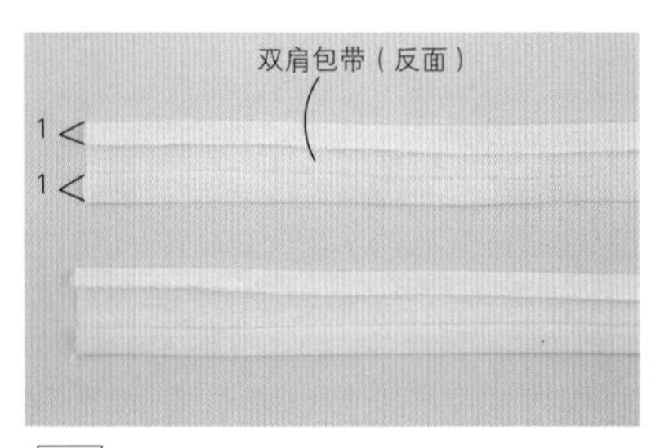


1 把2片双肩包带长边的缝份折叠，然后用熨斗熨平。

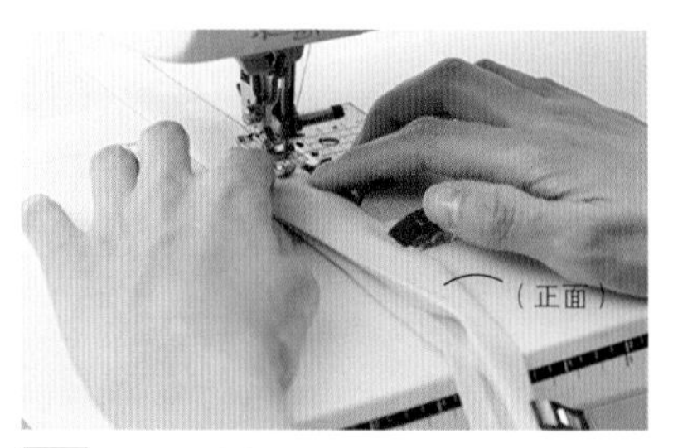


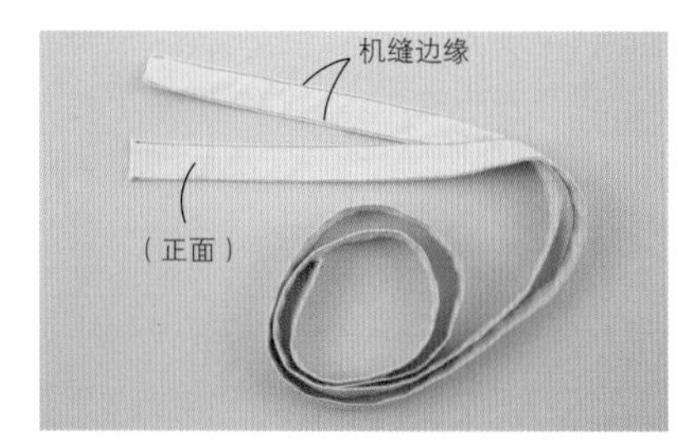


2 把步骤1的2片布反面相对对齐，缝合两侧的边。用同样方法做2根。

## Step 8. 把口字环布耳、提手、双肩包带安在外袋上

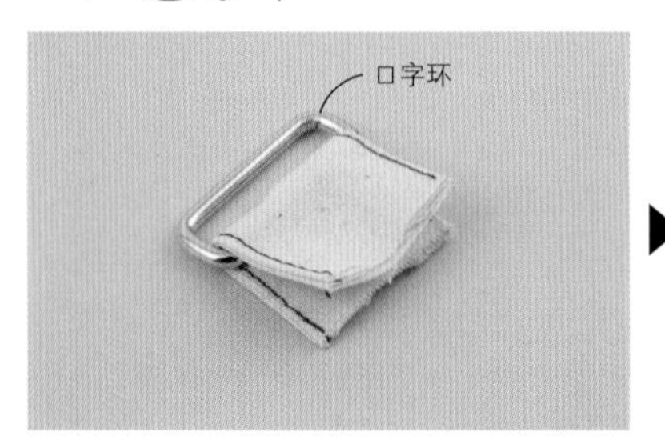


1 把口字环布耳对折，穿过口字环。准备2组。

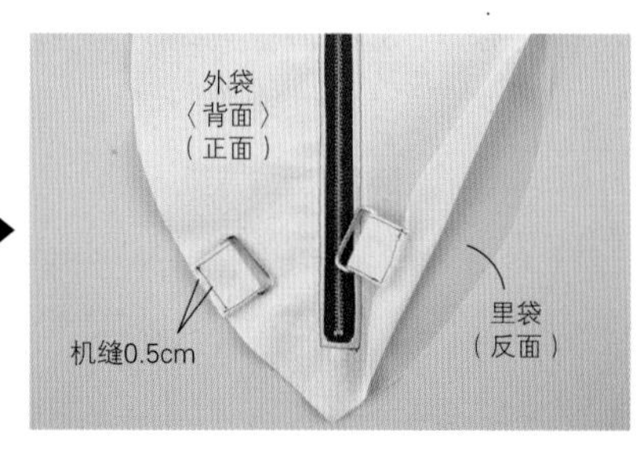


在外袋（背面）正面的安装位置的缝份上，避开里袋把口字环布耳缝上。

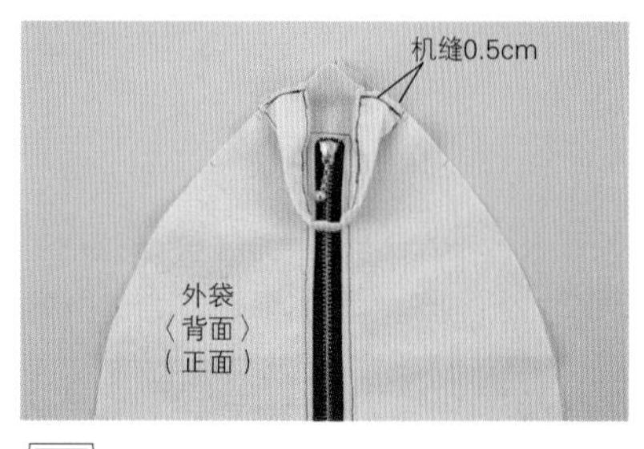


2 在外袋（背面）正面的安装位置的缝份上，避开里袋，把提手缝上。

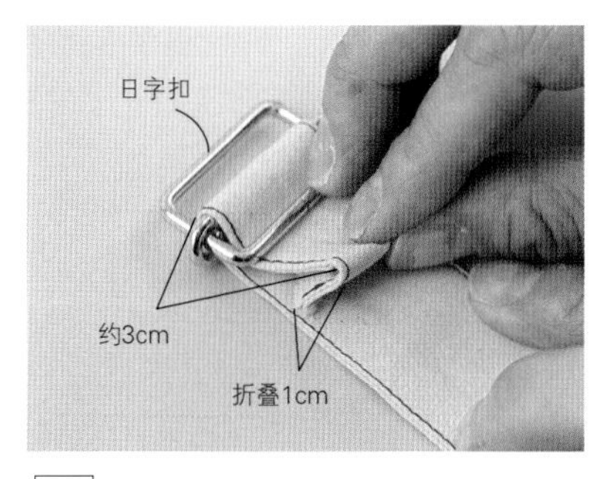


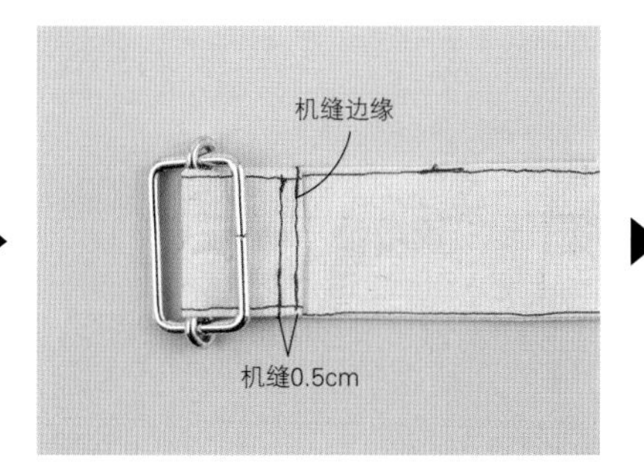


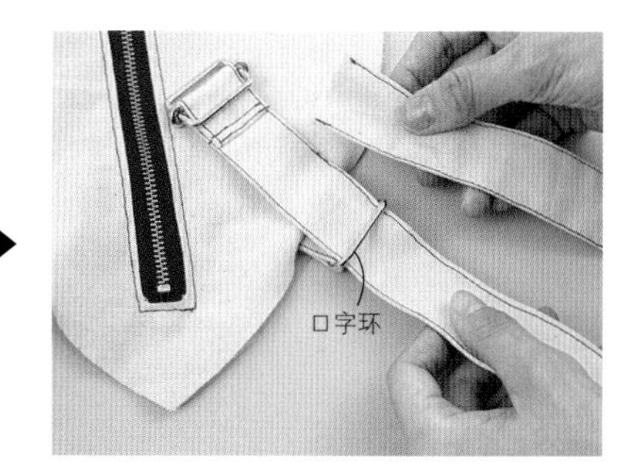


**3** 把双肩包带的一端穿过日字扣。把端头折叠2次后缝合。

把双肩包带另一端穿过口字环。

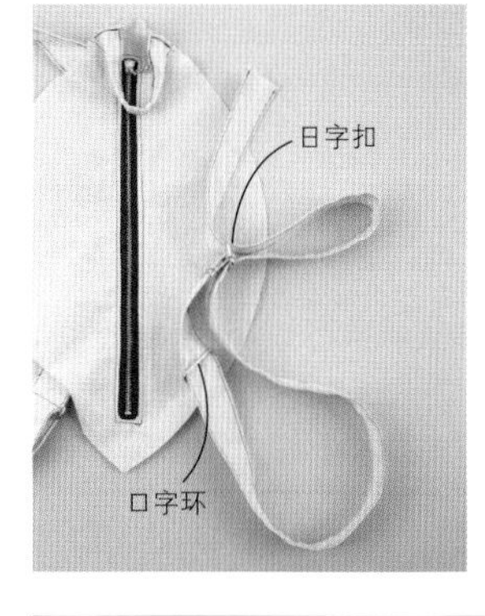


把包带的端头移到日字扣处穿过日字扣。注意不要弄拧了。另一侧也用同样的方法安装。

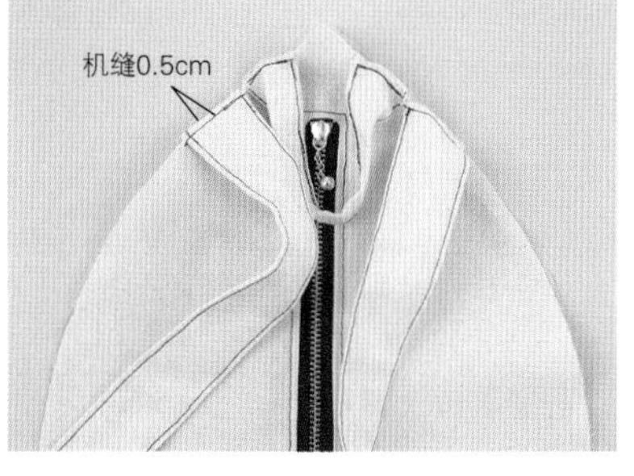


把双肩包带安在外袋（背面）正面的安装位置的缝份上，安装时注意要避开里袋。

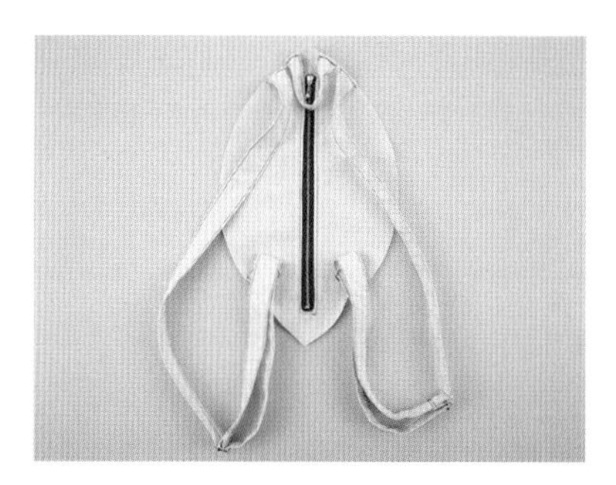

口字环布耳、提手、双肩包带安装好的样子。

## Step 9. 缝合外袋

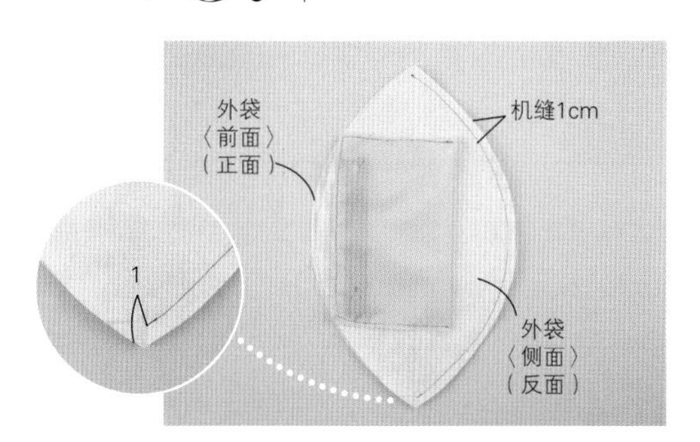


**1** 把外袋（侧面）和外袋（前面）正面相对对齐，缝合侧边。起缝点和止缝点留出1cm不缝。

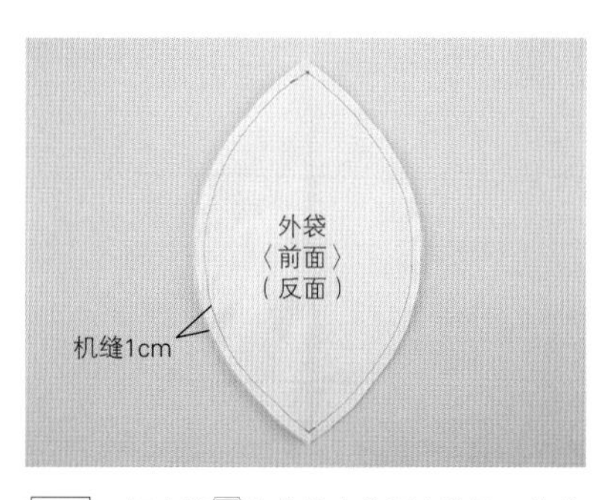


**2** 把步骤1的外袋（前面）和另一片外袋（侧面）正面相对对齐，缝合侧边。上下都留出1cm不缝。

**Point**

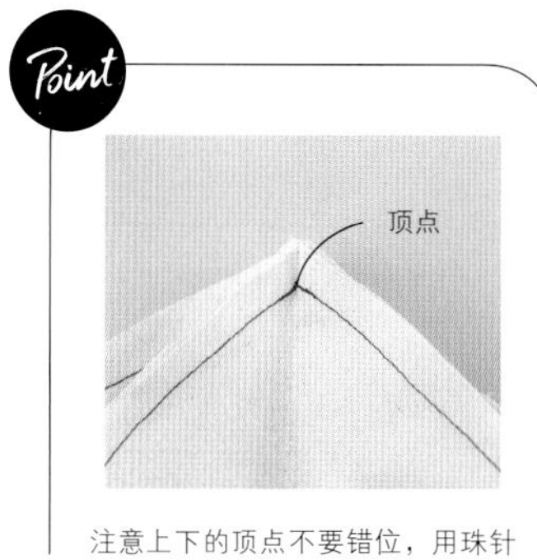


注意上下的顶点不要错位，用珠针固定后进行缝合。

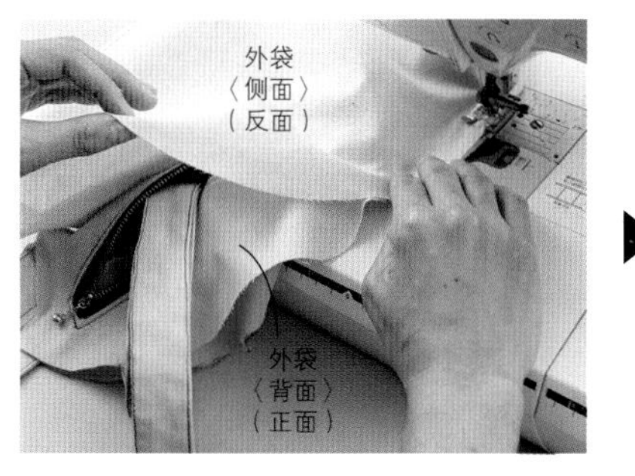


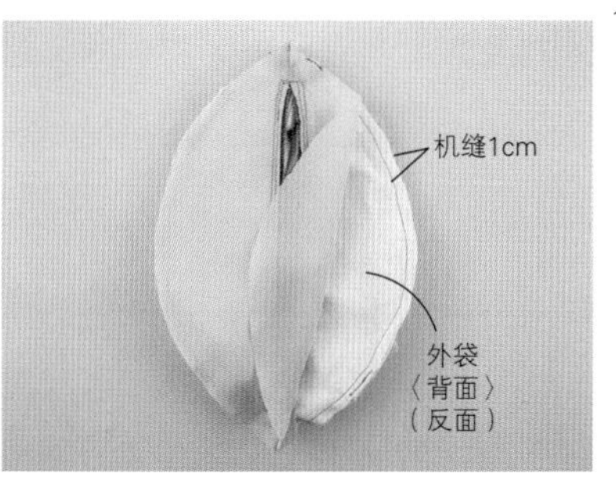


**3** 把外袋（侧面）和外袋（背面）正面相对对齐，避开里袋缝合两侧，起缝点和止缝点要留出1cm不缝。

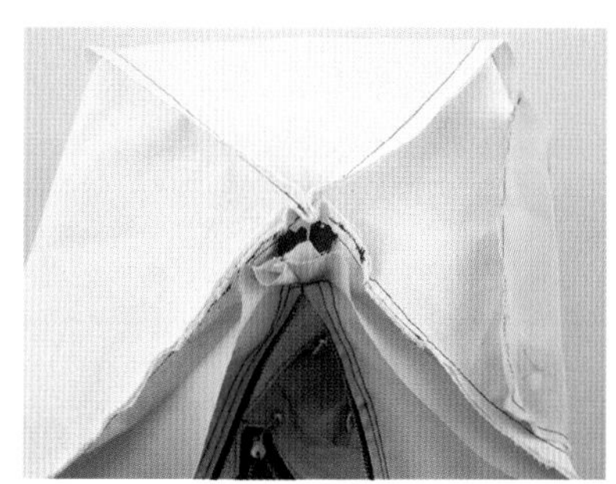

从上往下看的样子。

## Step 10. 组装外袋和里袋

对齐时要注意拉链的位置和朝向。 Point

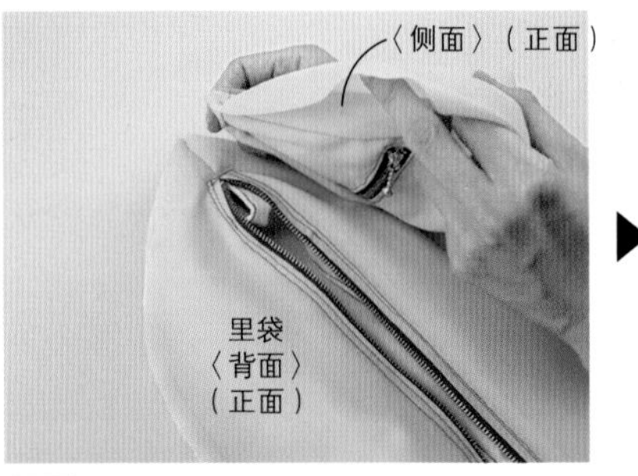


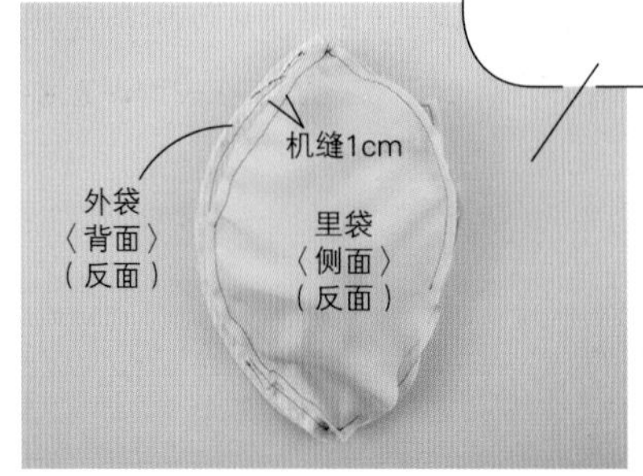

1 把Step 2的里袋（侧面）和Step 3的里袋（背面）正面相对对齐，缝合两侧。

外袋和里袋缝合后，从上往下看到的样子。

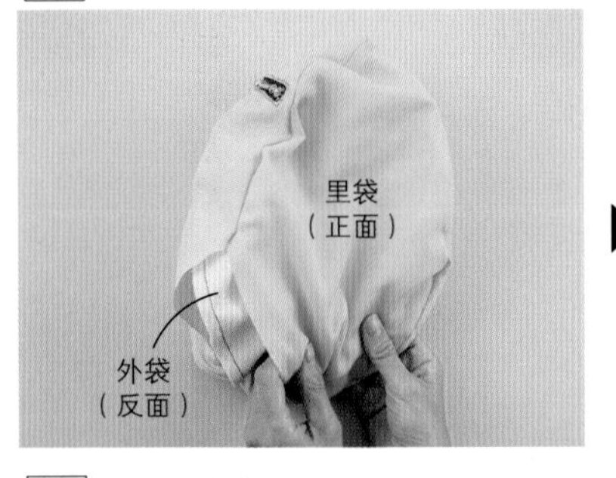


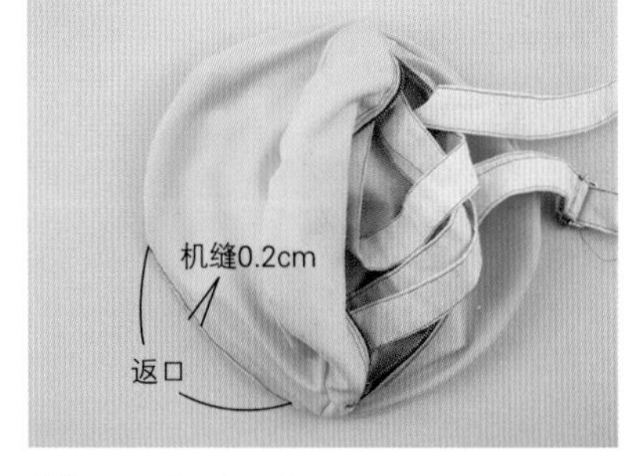

2 把里袋套在外袋上，从返口翻到正面。

缝合返口，整理好形状。

## 完成

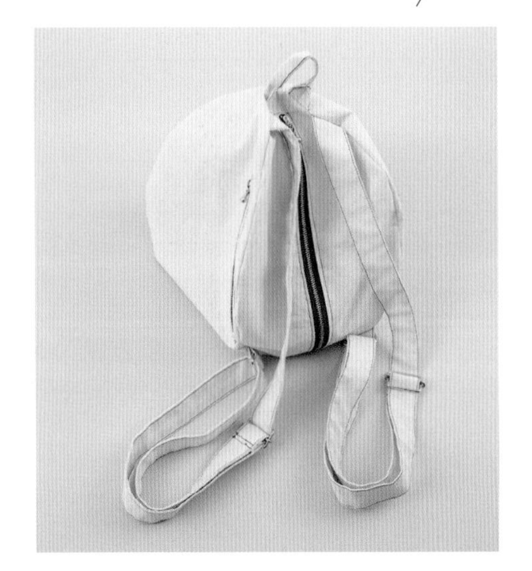

3 从背面的开口翻到正面，整理好形状，就完成了。

## 更换拉链的拉头时

如果想把拉链的拉头换成和外袋相同的布料，会更有创意。这里，使用的尺寸是1cm×6cm，大家可以根据自己的喜好设计尺寸，尝试一下吧。

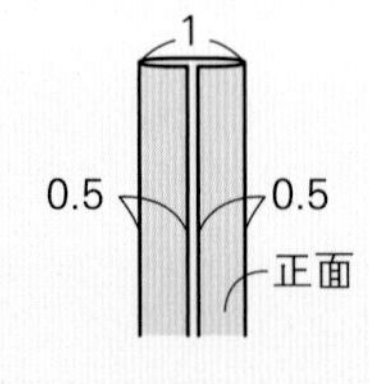

与外袋相同的布料…2cm×12cm
内径1cm的D形环…1个

＊把买来的拉链上的拉头，用老虎钳或者尖嘴钳去掉。
＊把布的两端分别向反面折叠0.5cm，用熨斗熨平。

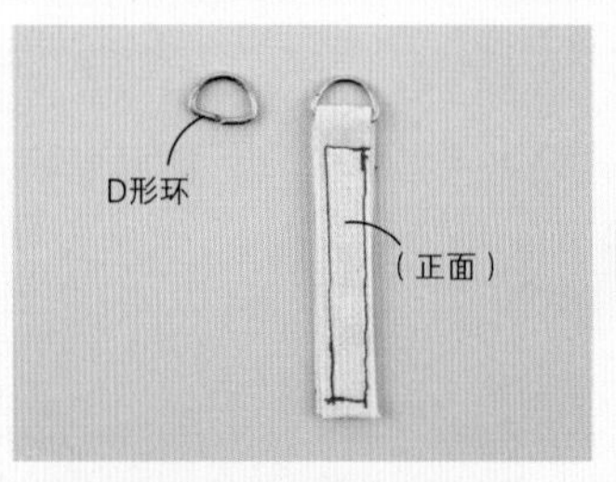


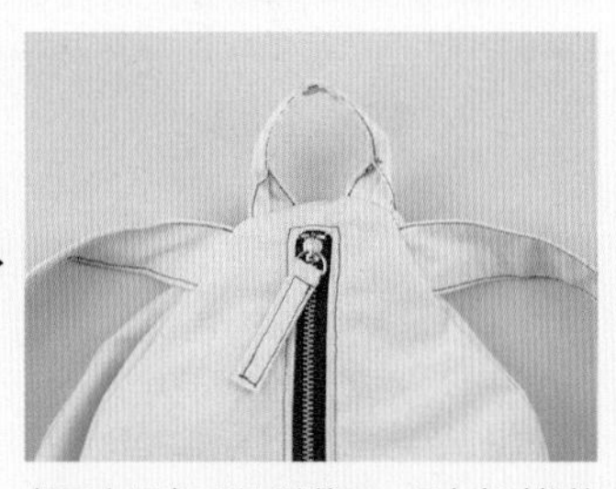

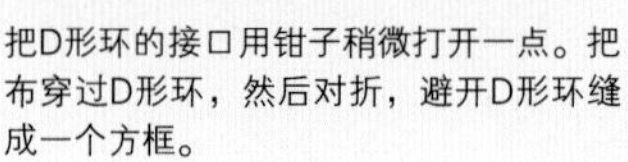

把D形环的接口用钳子稍微打开一点。把布穿过D形环，然后对折，避开D形环缝成一个方框。

挪开布露出D形环的接口，用它穿过拉链拉头的孔。闭合D形环的接口，把布恢复到原位。

Point Lesson

# 要点教程

在这里，以气眼、磁扣的安装方法，以及打褶子的方法进行讲解。
使用这些配件的作品不多，但是这些要点在关键时刻会起很大作用。

## Point Lesson 1. 气眼的安装方法

※双肩背袋（p.9 / 制作方法p.53）、小物袋（p.18 / 制作方法p.49）

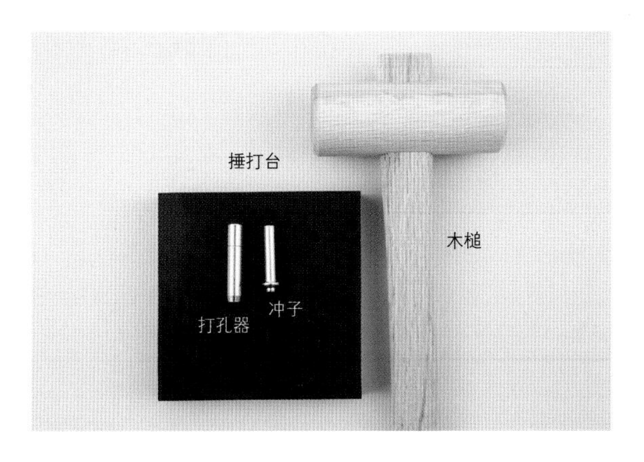

捶打台、打孔器、冲子、木槌（或者金属锤）。金属气眼以及和它配套的打孔器和冲子，都可以买到，还可以买到成套的。

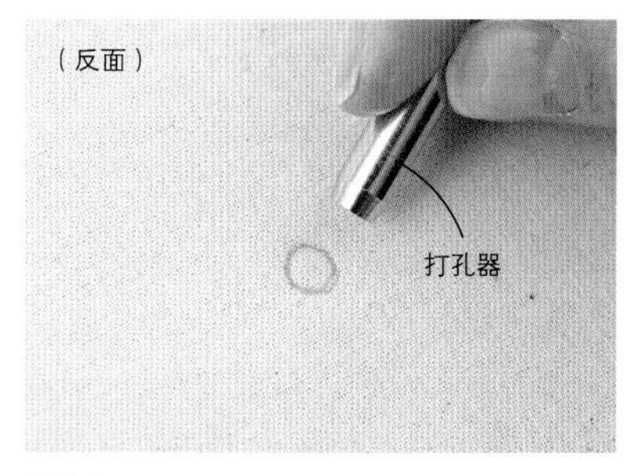


1 在安装气眼位置的下方，放置捶打台。在安装气眼位置用打孔器用力按一下，留下记号，在记号处用水消笔描出记号。

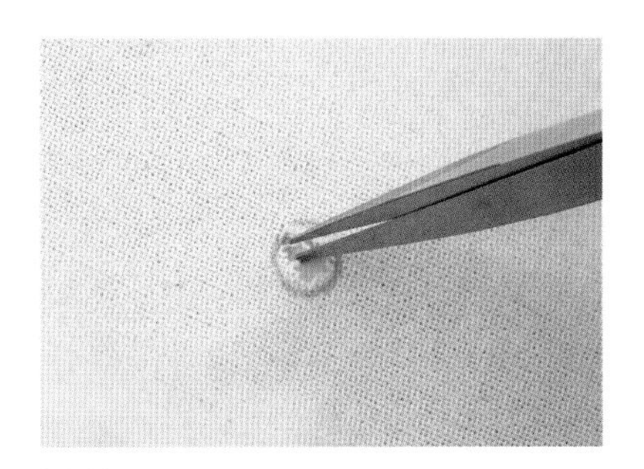

2 在记号的中央，用刀尖开口。

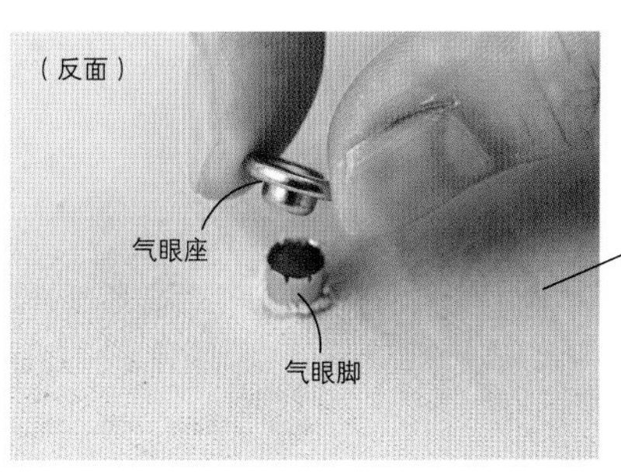


3 从布的正面开口处插入气眼脚，从反面盖上气眼座。

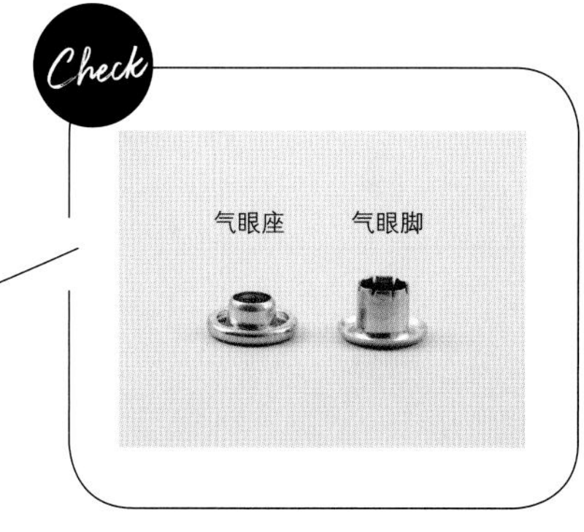


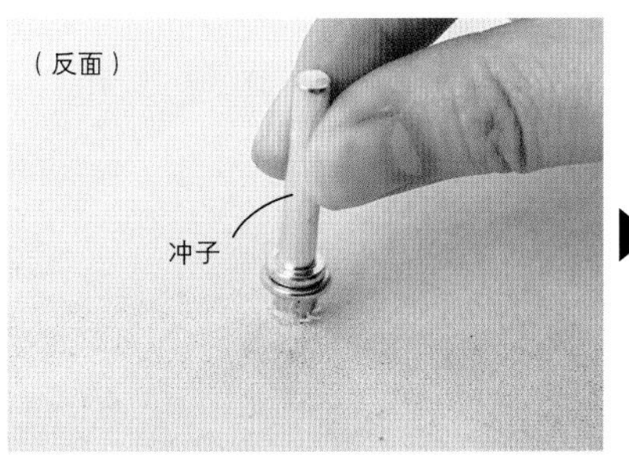


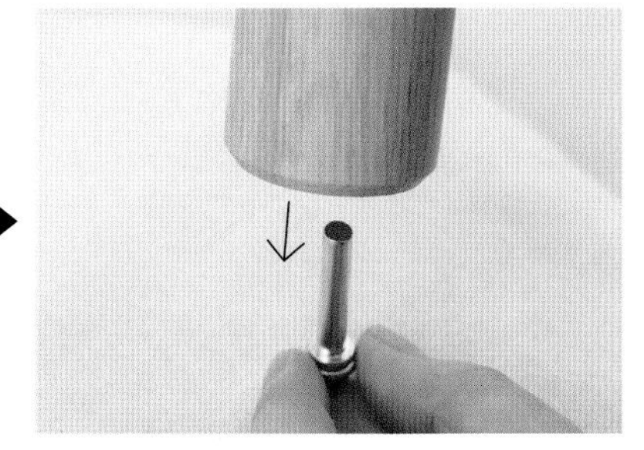

4 把冲子的前端嵌在气眼座的开口处，垂直拿冲子，用木槌在冲子上垂直敲打。

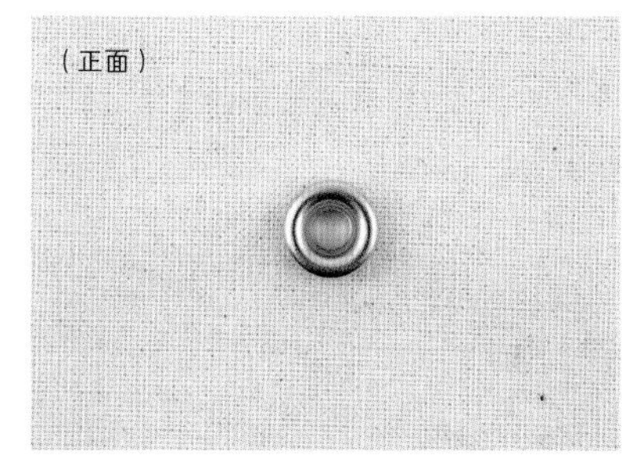


气眼安装好的样子。

## Point Lesson 2. 磁扣的安装方法

※有侧口袋的托特包M/L（p.16／制作方法p.54）、迷你托特包（p.23／制作方法p.58）

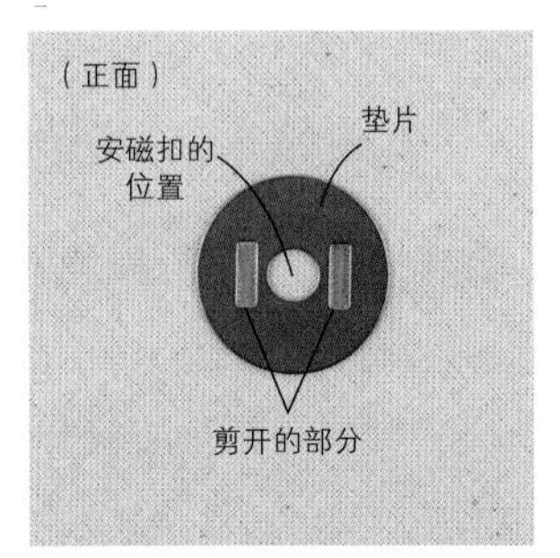


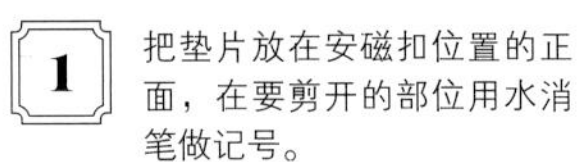

1 把垫片放在安磁扣位置的正面，在要剪开的部位用水消笔做记号。

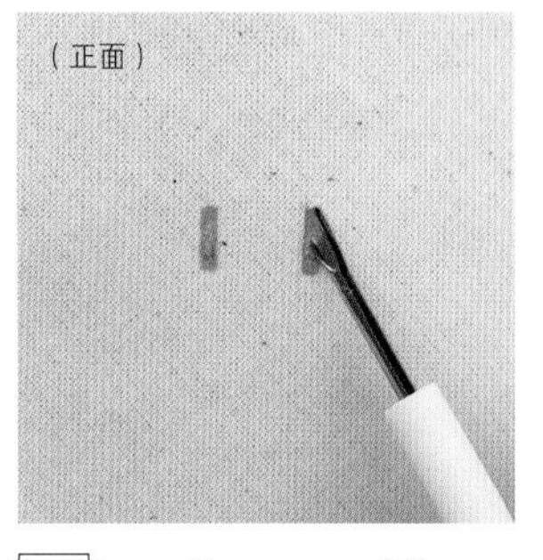


2 去掉垫片，在步骤1做好的记号处用拆线器开口。

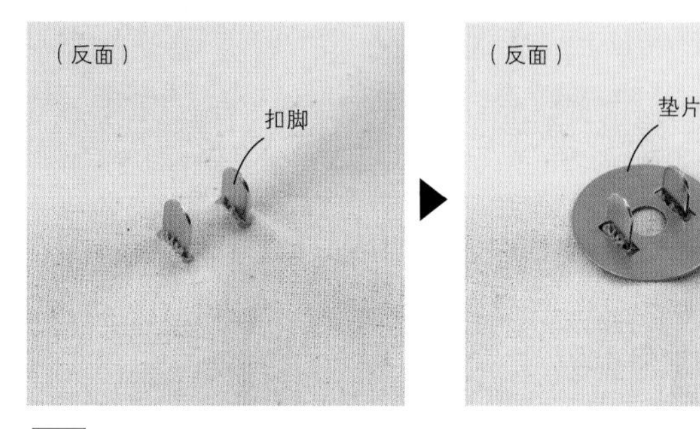


3 从布的正面插入磁扣的主体部分（凹面或者凸面）的扣脚，然后盖上垫片。

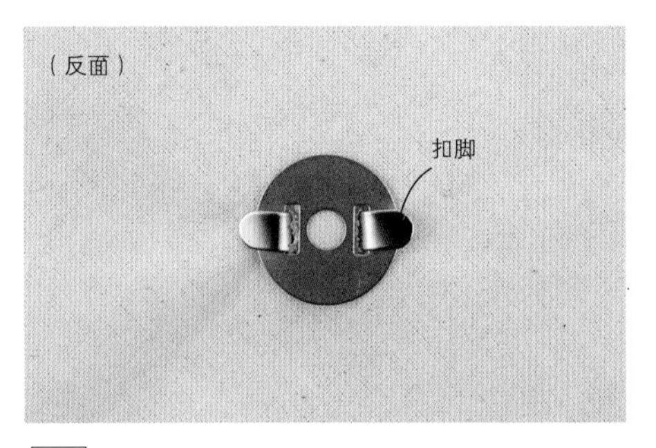


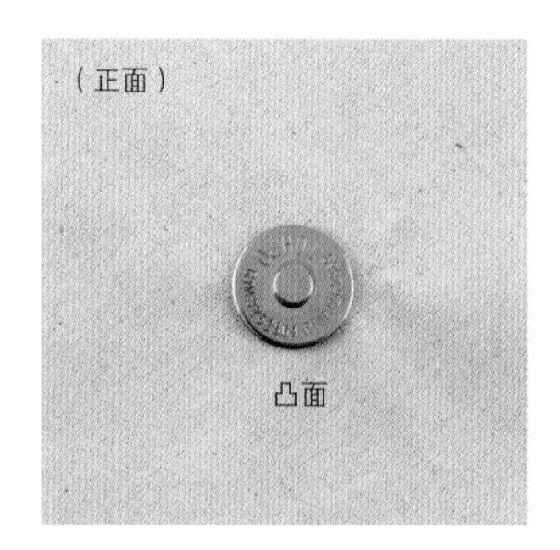


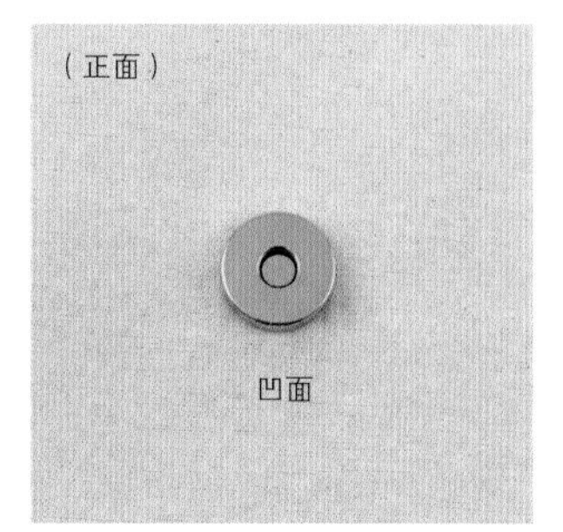


4 把扣脚从根部向外侧按下去，完成。另一面（凹面或者凸面）也用同样方法安装。

## Point Lesson 3. 褶子的制作、安装

※褶皱提手的托特包（p.33／制作方法p.72）

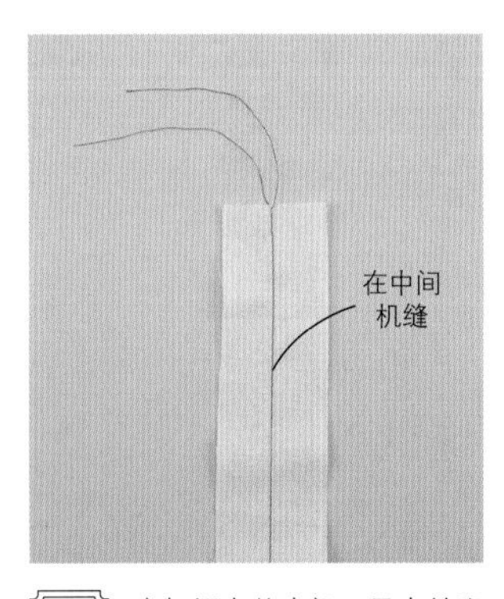


1 在打褶布的中间，用大针脚机缝。把线头留长一些再剪断。

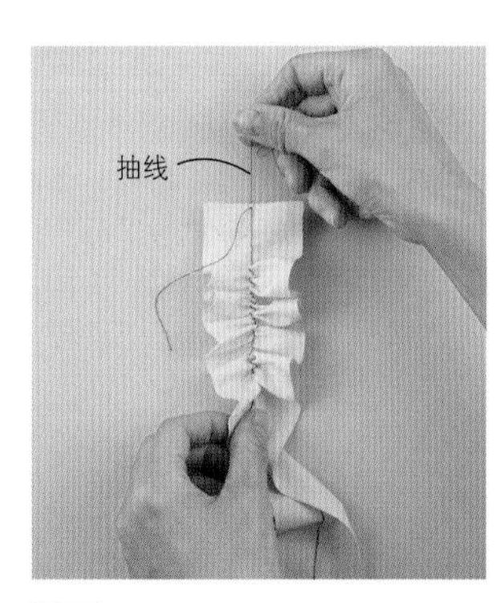


2 抽线，使布起褶。

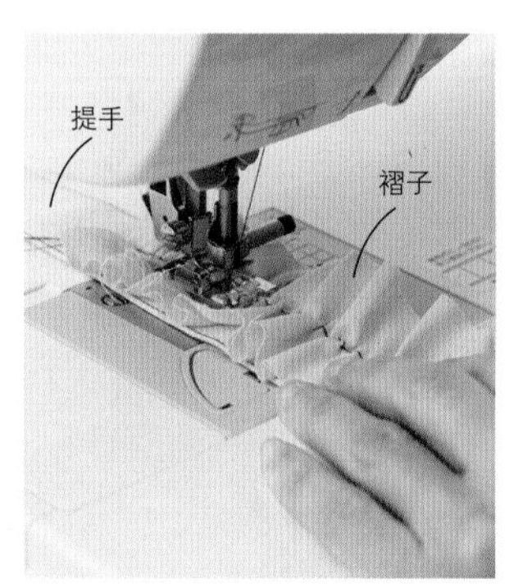
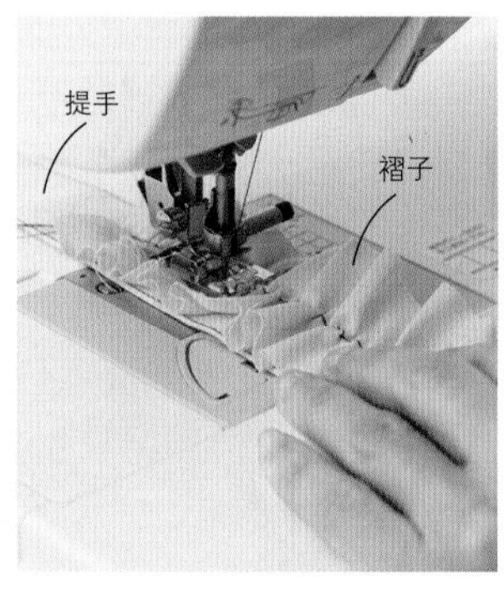




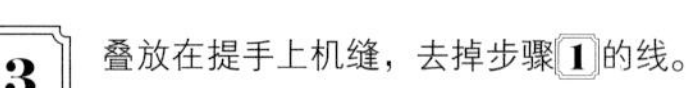

3 叠放在提手上机缝，去掉步骤1的线。

# 7. *Sacoche*

# 小物袋

［图片］— p.18

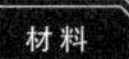

**材料**

印花防水布…50cm×42cm
长19cm的拉链…2根
绳子…140cm
内径0.5cm的气眼…2组
标签…自己喜欢的1个

**完成尺寸**

21cm×19cm

**实物大纸型**

没有纸型。直接在布上画好线后裁剪。

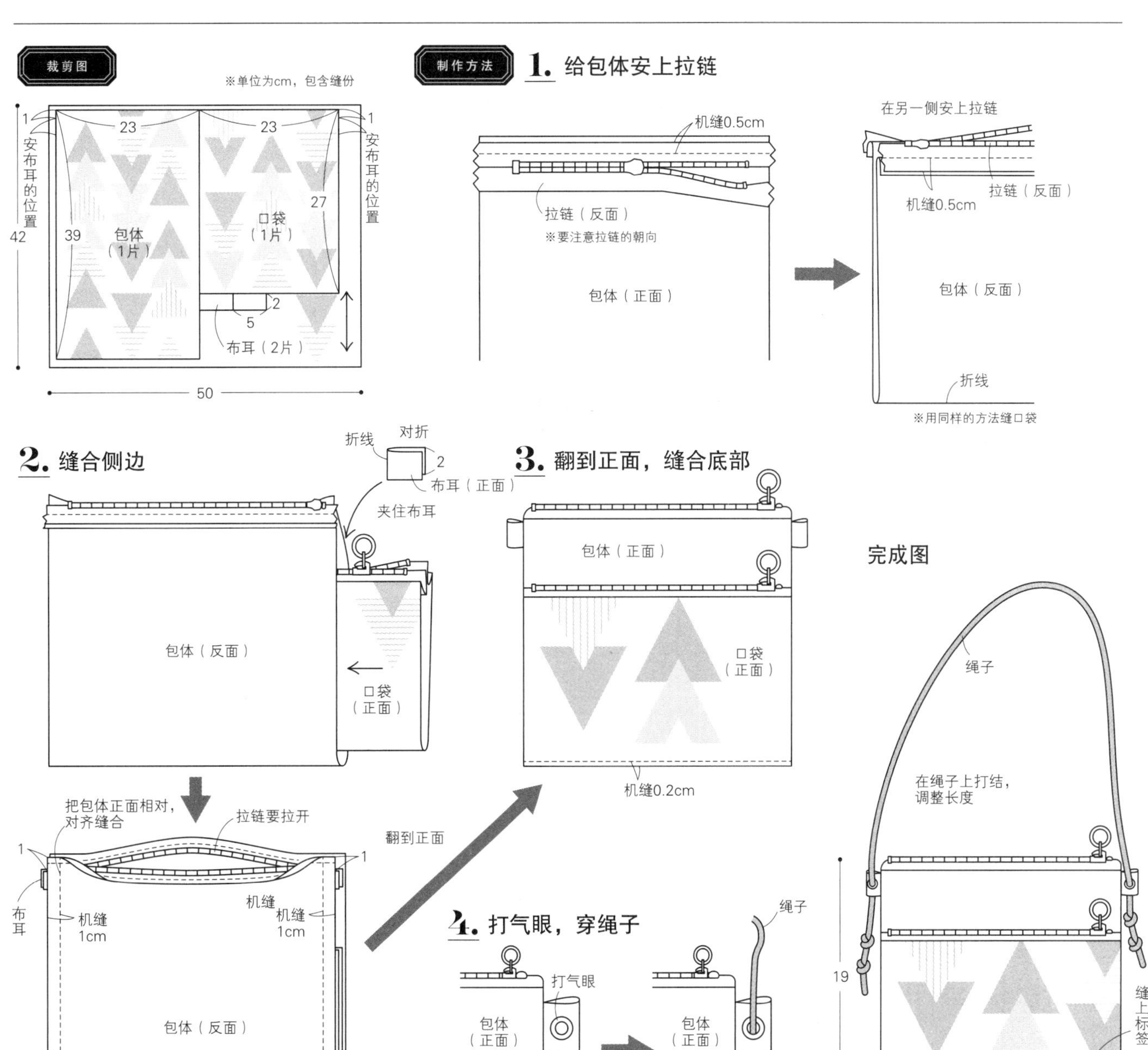

# 1. Shoulder Bag with a Dotted Pocket

# 水玉口袋单肩包

[图片]— p.6

**材料**

软斜纹布…110cm×110cm
印花棉布…110cm×60cm
热转印纸…适量

**完成尺寸**

44cm×47.5cm×7cm
（不包含提手）

**实物大纸型**

没有纸型。直接在布上画好线后裁剪。

**裁剪图**

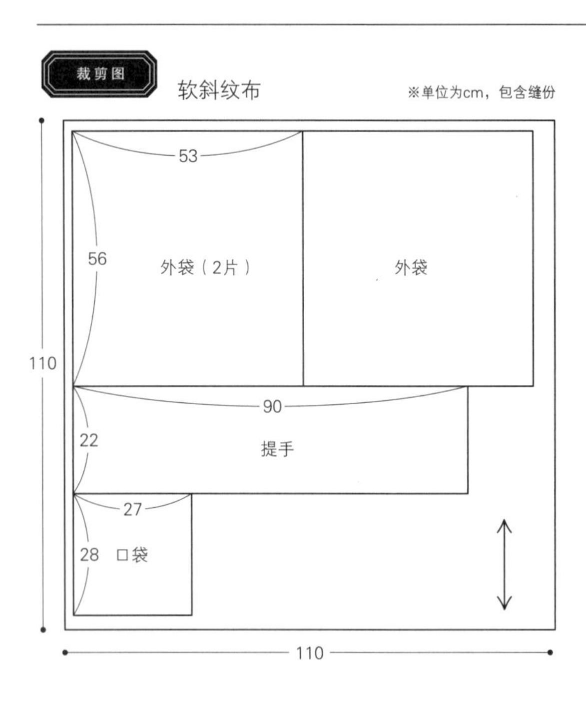


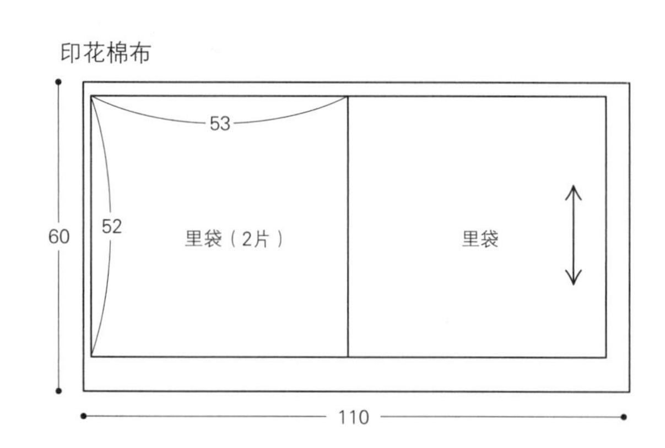


**制作方法**

## 1. 制作提手

## 2. 制作口袋

## 3. 制作外袋

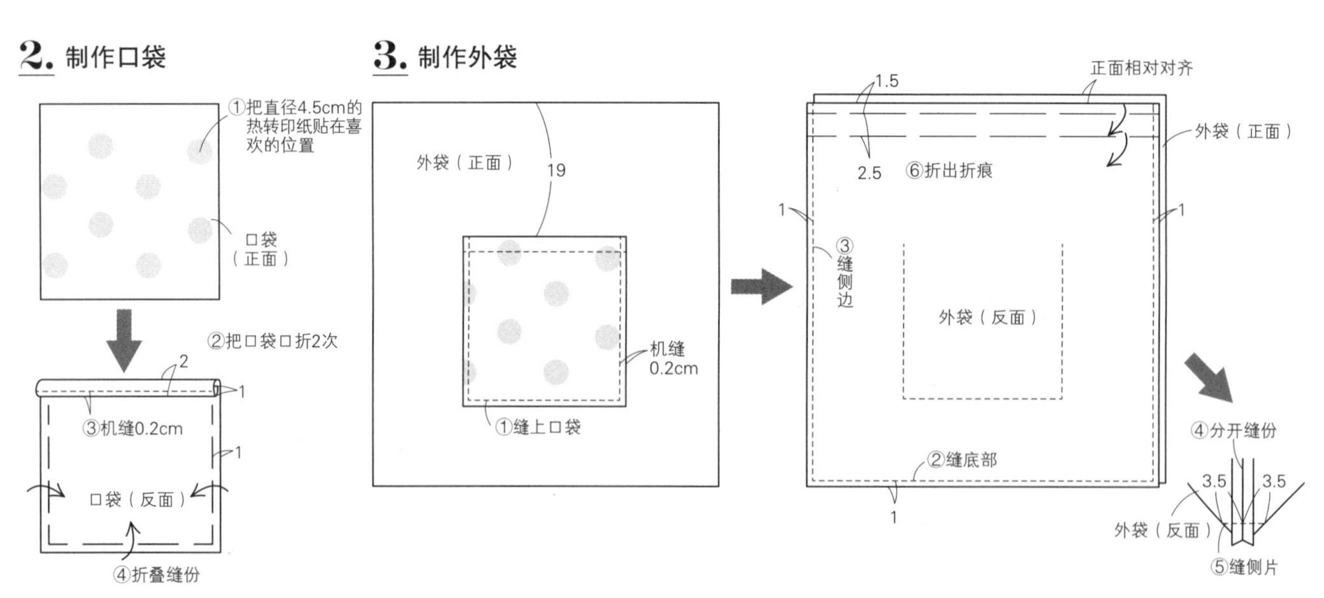

## 4. 制作里袋，然后再和外袋反面相对对齐，缝合包口

③外袋的包口折2次
1.5
4
②把外袋和里袋反面相对对齐
外袋（反面）
2.5
里袋（正面）
①里袋的缝法与外袋（步骤3. ②~⑤）相同
2.5
1.5
机缝0.2cm
外袋（反面）
里袋（正面）

## 5. 安提手

提手
8
折叠1cm
机缝0.1~0.2cm
外袋（正面）
侧边

### 完成图

47.5
44
7

### 熨烫热转印纸的方法

［材料、工具］
热转印纸，透明纸（硫酸纸、转印纸等），剪刀（使用裁纸刀时，需要裁剪垫），铅笔，垫布（烤肉纸也可以），熨斗，熨板
［准备］
把热转印纸用熨斗熨平，把线头、灰尘等去掉

热转印纸（3片装）
※织法有凹凸感或者看起来类似这种感觉的无纺布，印花会有飞白花纹的感觉

**1.** 在想复印的图案上面叠放透明纸，把它描下来，然后剪下来作为纸型。大小、数量根据自己的喜好。

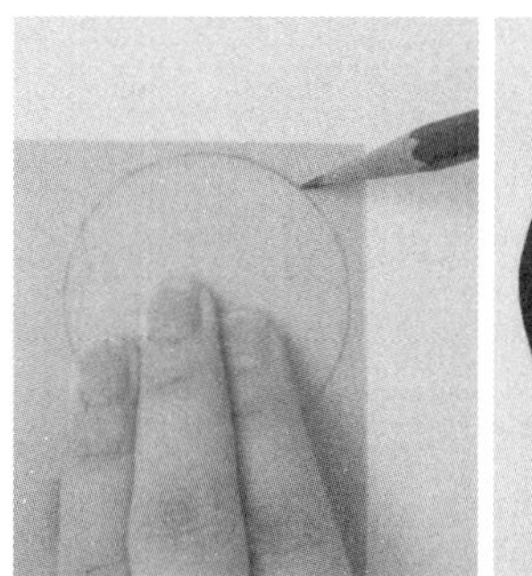

有墨水的正面

**2.** 把纸型叠放在热转印纸的反面（贴有白纸的面），用铅笔描出轮廓，沿着轮廓剪开热转印纸。
※左右不对称的图案，描图时要反着叠放

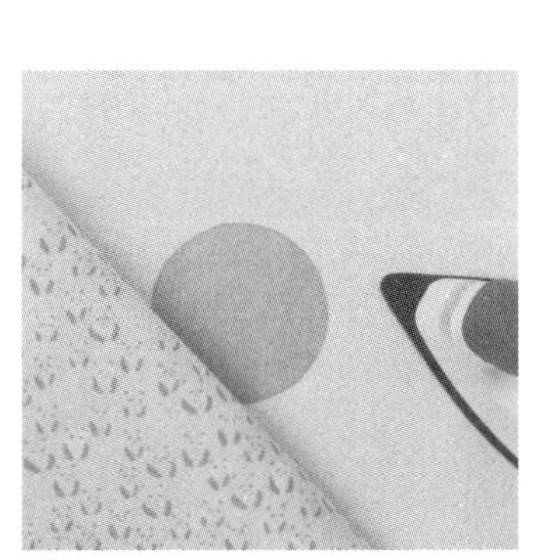

**3.** 把热转印纸的反面朝上，放在要转印的布上面。

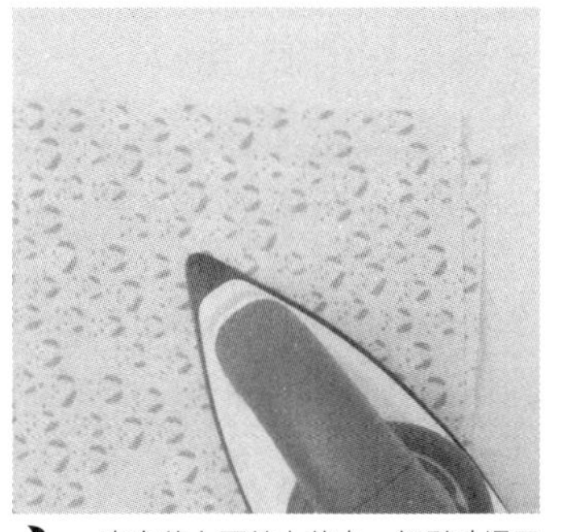

**4.** 在布的上面放上垫布，把熨斗调至中温~高温，预热好后，熨5~10秒。

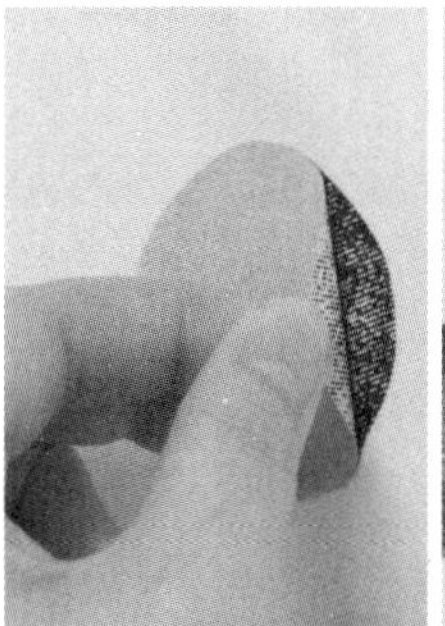

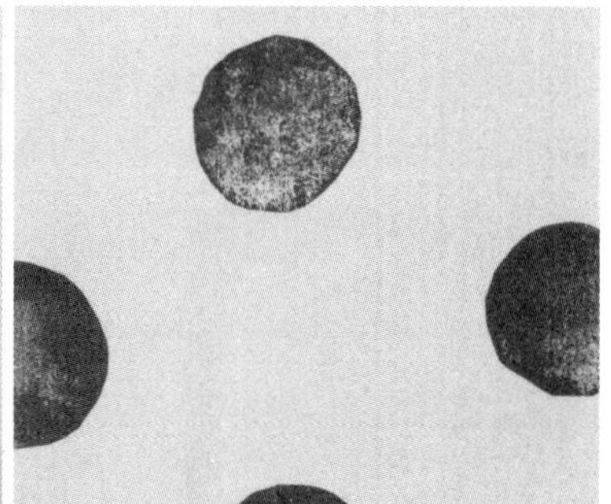

**5.** 趁着没有冷却，撕下背面的保护纸就完成了。完成效果不仅仅受布的材质的影响，还受熨烫时间等因素的影响。

# 2. *Trapezoid Bag with a Grommet Handle*

# 嵌入式提手梯形包

［图片］— p.8

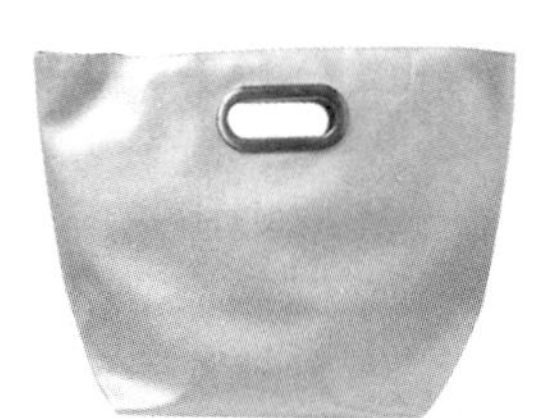

仿鹿皮…50cm×80cm
灰色棉布…50cm×80cm
嵌入式提手（椭圆形）
（11cm×5cm）…2组

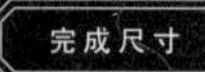



26cm×29cm×16cm

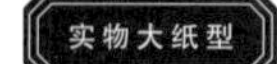



A面…外袋、里袋

※单位为cm，包含缝份

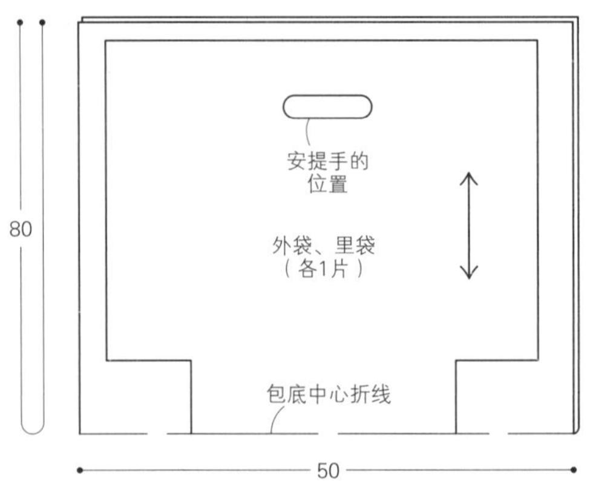



制作方法

## 1. 制作外袋、里袋

正面相对对齐
1
1
缝合侧边
外袋（反面）
折线
分开缝份
8
8
1
缝侧片

※里袋也用同样的方法制作

## 2. 把外袋和里袋正面相对对齐，缝合袋口

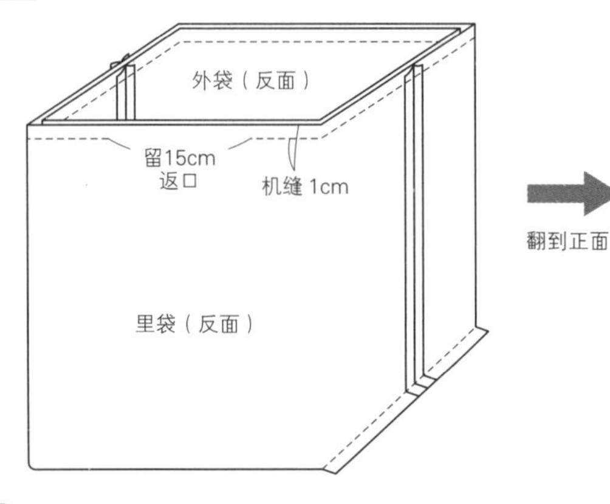



翻到正面

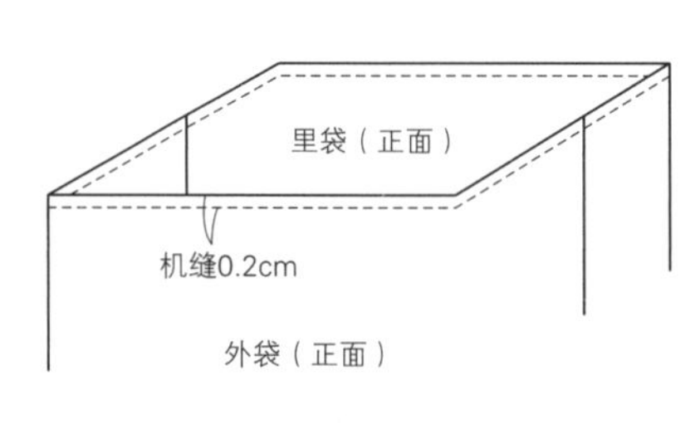



## 3. 给提手开孔

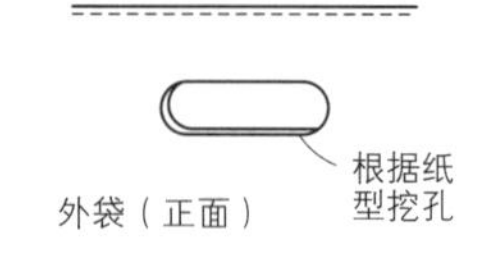



## 4. 安提手

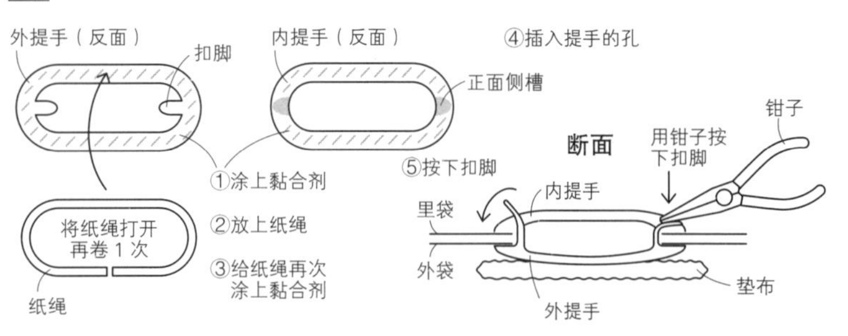



### 完成图

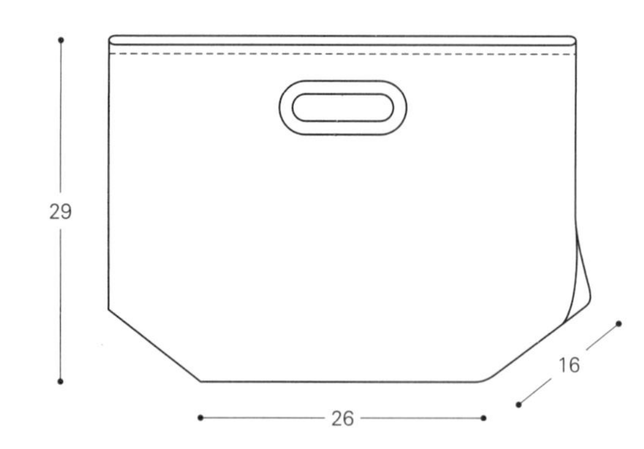

# 3. *Knapsack*

# 双肩背袋

［图片］— p.9

**材料**

黄绿色帆布…110cm × 40cm
灰色棉布…94cm × 40cm
宽0.4cm的绳子…200cm 2根
内径0.4cm的气眼…2组

**完成尺寸**

36cm × 49cm

**实物大纸型**

没有纸型。直接在布上画好线后裁剪。

**裁剪图**

※单位为cm，包含缝份

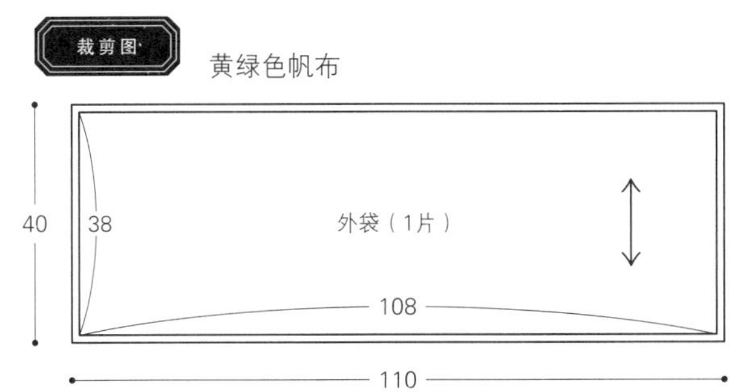


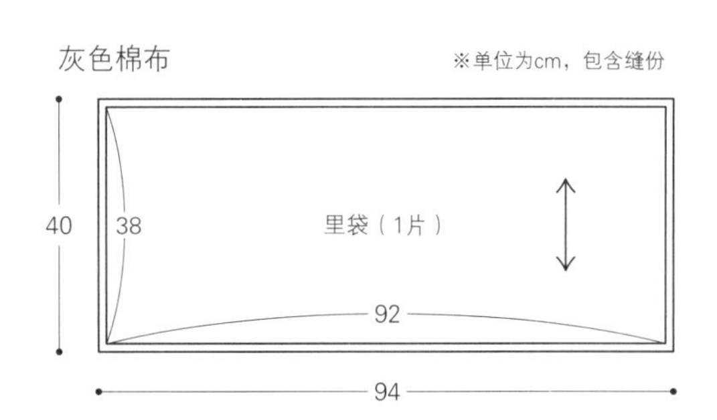


**制作方法**

## 1. 制作外袋

正面相对
5
5
留出 3.5cm 不缝
3.5
外袋（反面）
机缝 1cm
机缝 1cm
包底中心折线

※里袋也用同样的方法制作

## 2. 把外袋和里袋反面相对对齐，制作穿绳通道

## 3. 安装气眼

※气眼的安装方法参照p.47

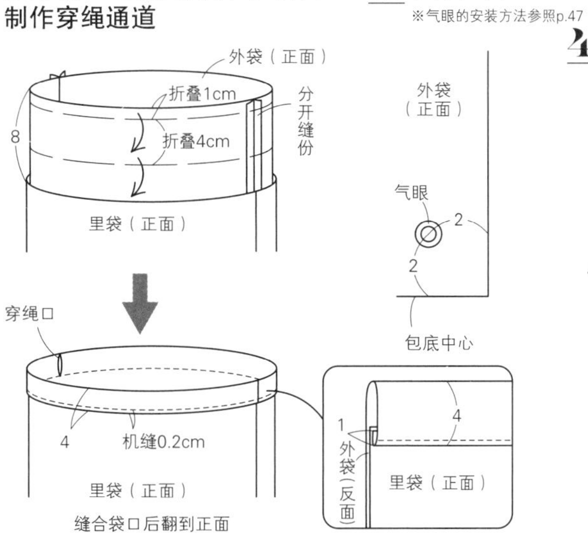


## 完成图

## 4. 穿绳子

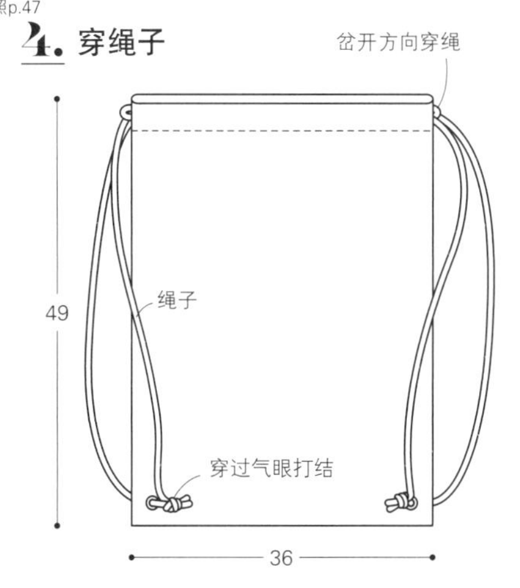

# 6. Tote Bag with a Side Pockets

# 有侧口袋的托特包

**M / L**

［图片］— p.16

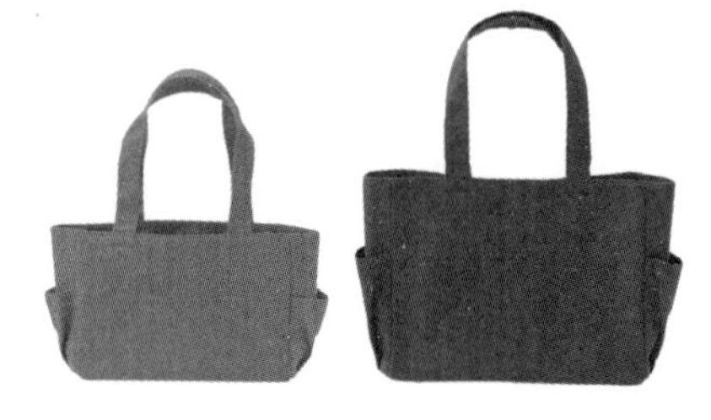

**材料**

〈M〉红色8号帆布…110cm×60cm
条纹棉布…110cm×40cm
红色棉布…40cm×15cm
黏合衬…90cm×40cm
长17cm的拉链…1根
直径1.8cm的磁扣…1组

〈L〉藏蓝色8号帆布…110cm×80cm
条纹棉布…110cm×60cm
藏蓝色棉布…45cm×25cm
黏合衬…110cm×70cm
长20cm的拉链…1根
直径1.8cm的磁扣…1组

**完成尺寸**

〈M〉29cm×20cm×12cm
（不包含提手）
〈L〉38cm×29.5cm×13cm
（不包含提手）

A面…包底、里袋

**裁剪图**

Ⓜ 红色8号帆布

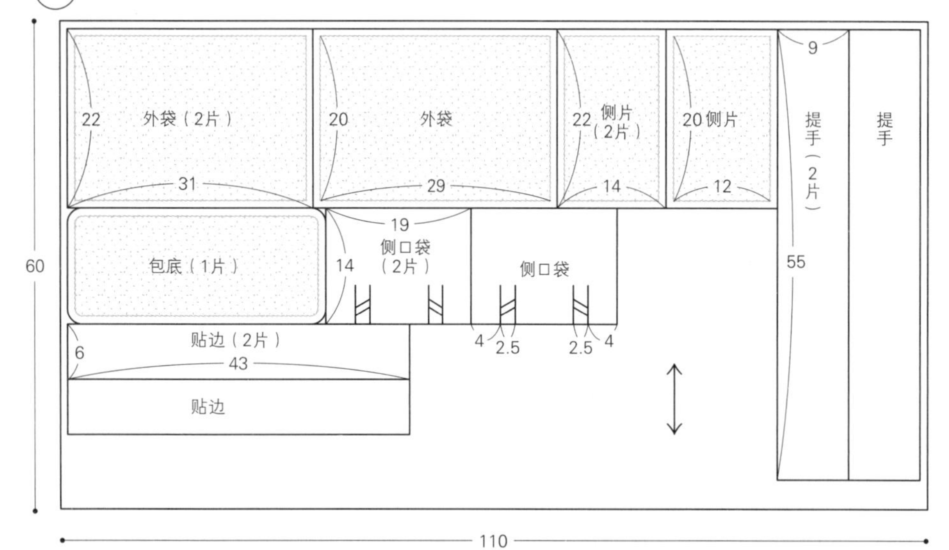


※单位为cm，包含缝份
※外袋、侧片、贴边、侧口袋、提手、带拉链的口袋、内口袋在布上直接画好线后裁剪
※▒表示在反面贴上不加缝份（1cm）的黏合衬

Ⓜ 条纹棉布

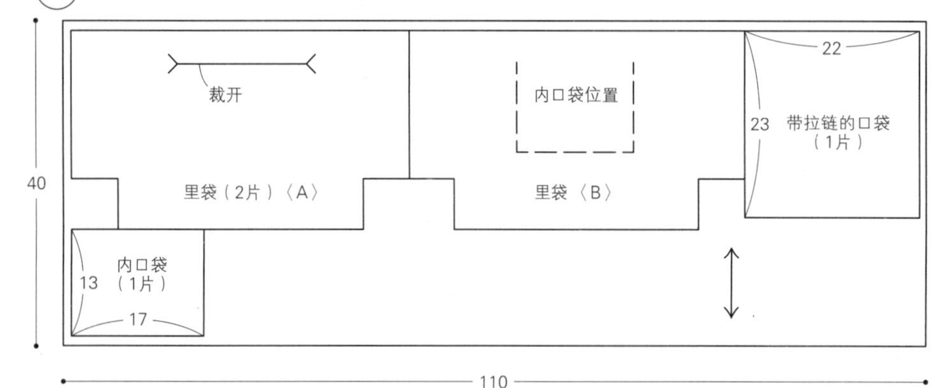


Ⓜ 红色棉布

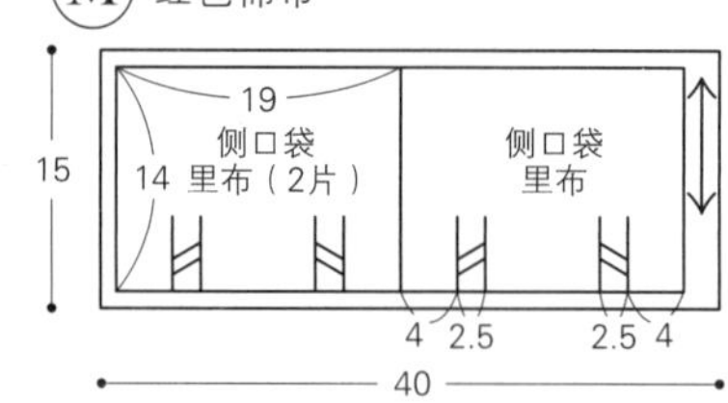

Ⓛ 藏蓝色8号帆布

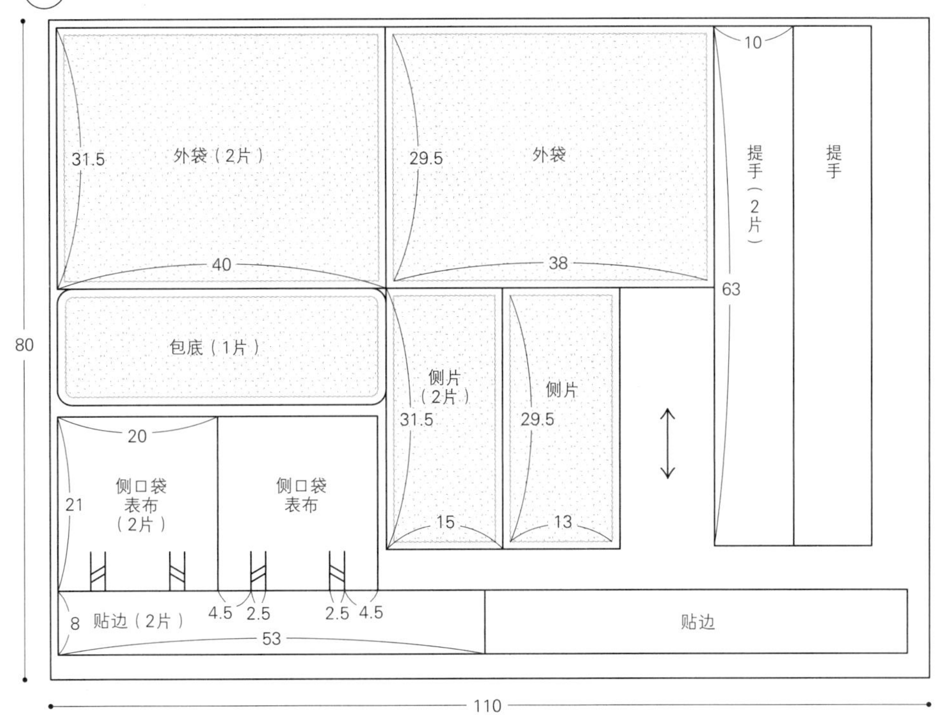


Ⓛ 条纹棉布

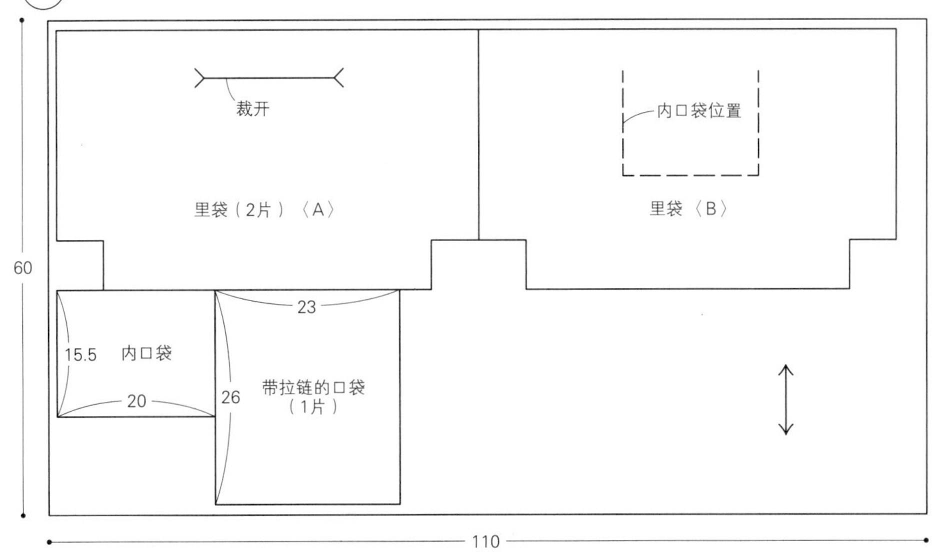


Ⓛ 藏蓝色棉布

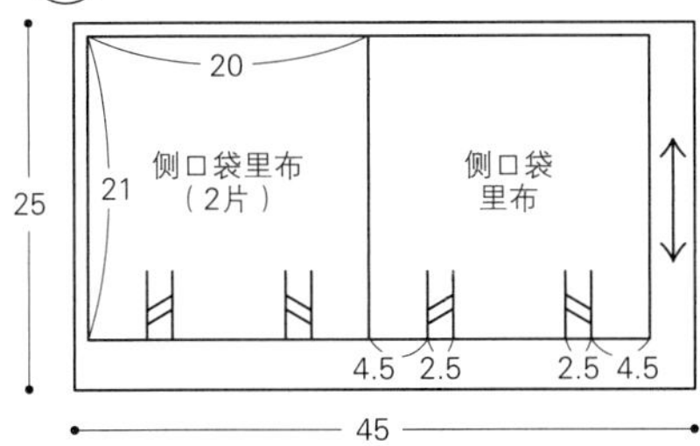

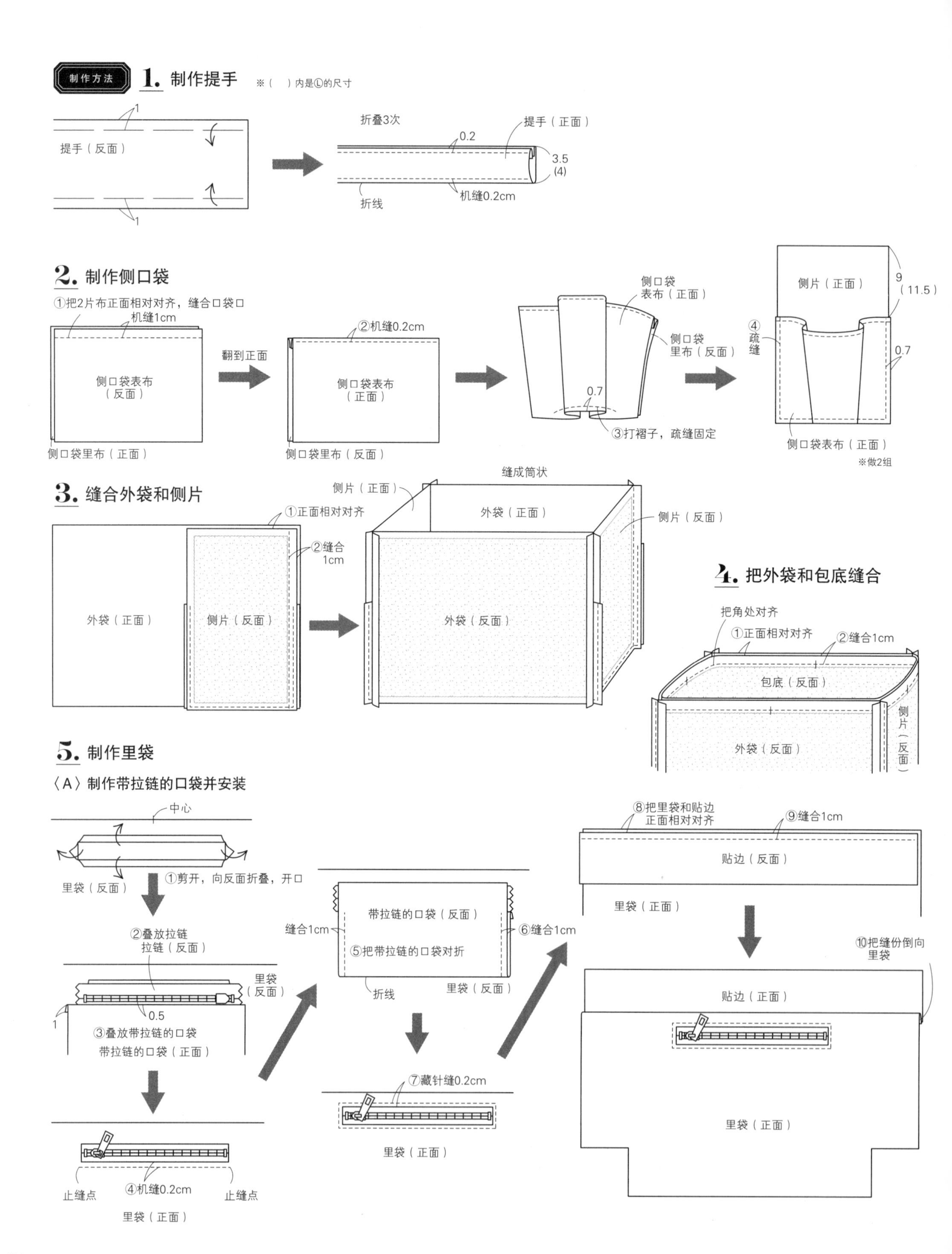
制作方法
1. 制作提手
※（ ）内是Ⓛ的尺寸
1
提手（反面）
1
折叠3次
提手（正面）
0.2
3.5
(4)
机缝0.2cm
折线
2. 制作侧口袋
①把2片布正面相对对齐，缝合口袋口
机缝1cm
侧口袋表布
（反面）
侧口袋里布（正面）
翻到正面
②机缝0.2cm
侧口袋表布
（正面）
侧口袋里布（反面）
侧口袋
表布（正面）
侧口袋
里布（反面）
0.7
③打褶子，疏缝固定
侧片（正面）
9
（11.5）
④
疏
缝
0.7
侧口袋表布（正面）
※做2组
3. 缝合外袋和侧片
①正面相对对齐
②缝合
1cm
外袋（正面）
侧片（反面）
缝成筒状
侧片（正面）
外袋（正面）
侧片（反面）
外袋（反面）
4. 把外袋和包底缝合
把角处对齐
①正面相对对齐
②缝合1cm
包底（反面）
侧片（反面）
外袋（反面）
5. 制作里袋
〈A〉制作带拉链的口袋并安装
中心
里袋（反面）
①剪开，向反面折叠，开口
②叠放拉链
拉链（反面）
里袋
（反面）
1
0.5
③叠放带拉链的口袋
带拉链的口袋（正面）
止缝点
④机缝0.2cm
止缝点
里袋（正面）
带拉链的口袋（反面）
缝合1cm
⑥缝合1cm
⑤把带拉链的口袋对折
折线
里袋（反面）
⑦藏针缝0.2cm
里袋（正面）
⑧把里袋和贴边
正面相对对齐
⑨缝合1cm
贴边（反面）
里袋（正面）
⑩把缝份倒向
里袋
贴边（正面）
里袋（正面）

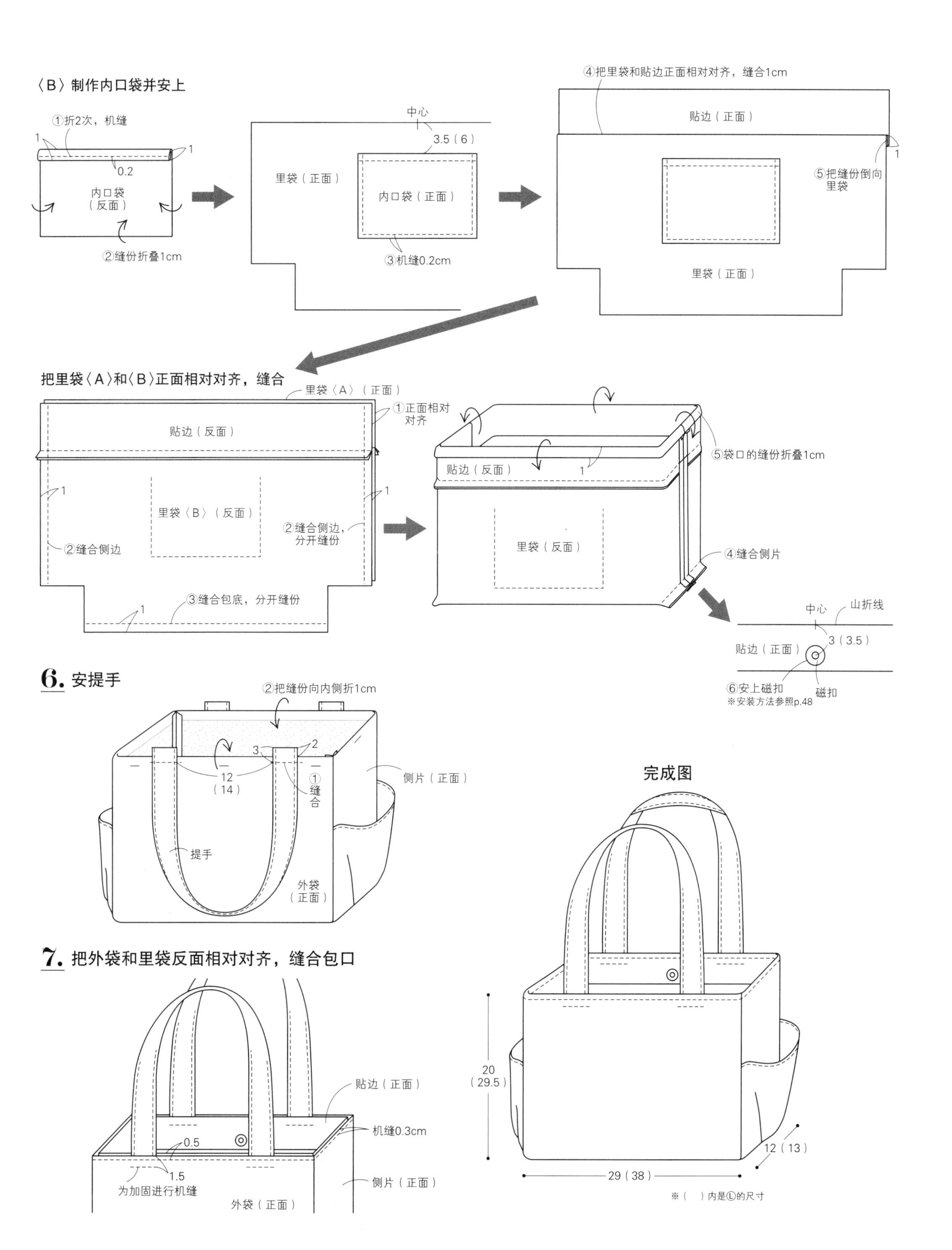
〈B〉制作内口袋并安上
①折2次，机缝
1
1
0.2
内口袋
（反面）
②缝份折叠1cm
中心
3.5（6）
里袋（正面）
内口袋（正面）
③机缝0.2cm
④把里袋和贴边正面相对对齐，缝合1cm
贴边（正面）
1
⑤把缝份倒向
里袋
里袋（正面）
把里袋〈A〉和〈B〉正面相对对齐，缝合
里袋〈A〉（正面）
①正面相对
对齐
贴边（反面）
1
1
里袋〈B〉（反面）
②缝合侧边，
分开缝份
②缝合侧边
③缝合包底，分开缝份
1
贴边（反面）
1
⑤袋口的缝份折叠1cm
里袋（反面）
④缝合侧片
中心
山折线
3（3.5）
贴边（正面）
⑥安上磁扣
※安装方法参照p.48
磁扣
6. 安提手
②把缝份向内侧折1cm
3
2
12
（14）
①
缝
合
侧片（正面）
提手
外袋
（正面）
完成图
7. 把外袋和里袋反面相对对齐，缝合包口
贴边（正面）
机缝0.3cm
0.5
1.5
为加固进行机缝
侧片（正面）
外袋（正面）
20
（29.5）
12（13）
29（38）
※（　）内是Ⓛ的尺寸

# 11. *Mini Tote Bag*

# 迷你托特包

［图片］— p.23

**材料**

粉色8号帆布…90cm×35cm
条纹棉布…90cm×20cm
黏合衬…70cm×20cm
宽2.5cm的棉织带…140cm
长12cm的拉链…1根
内径2.5cm的口字环…1个
内径2.5cm的日字扣…1个
直径1.8cm的磁扣…1组

**完成尺寸**

14cm×14cm×9cm
（不包含提手）

**实物大纸型**

A面…包底、里袋

**裁剪图**

粉色8号帆布

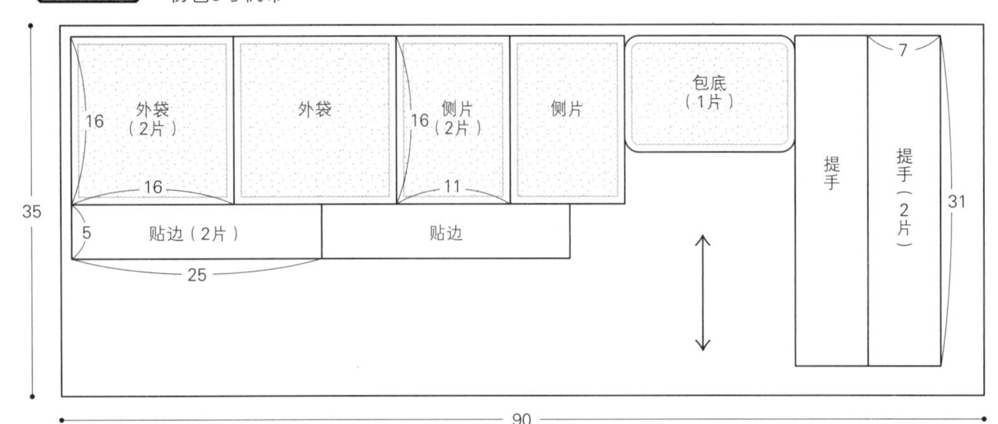


※单位为cm，包含缝份
※外袋、侧片、贴边、提手、带拉链的口袋、内口袋都是直接在布上画好线，然后裁剪
※ 表示在反面贴上不加缝份（1cm）的黏合衬

条纹棉布

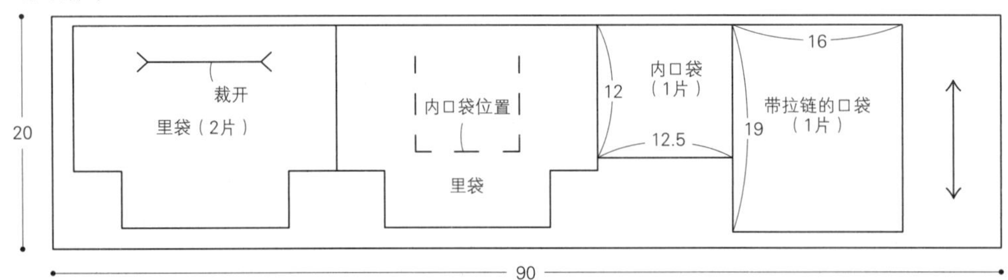


**制作方法**

## 1. 制作斜挎包带（日字扣的穿法参照p.45）

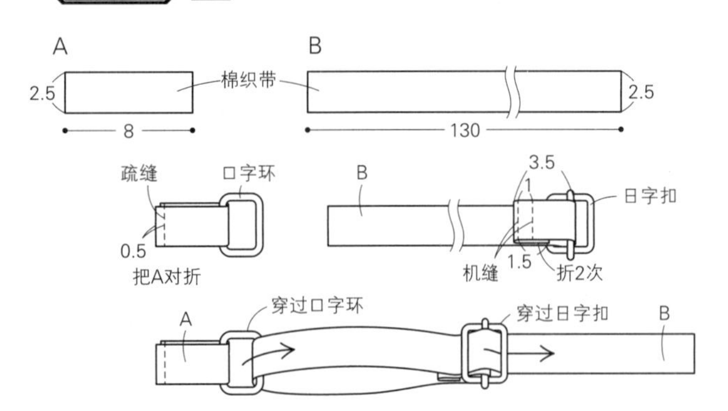


## 2. 制作提手

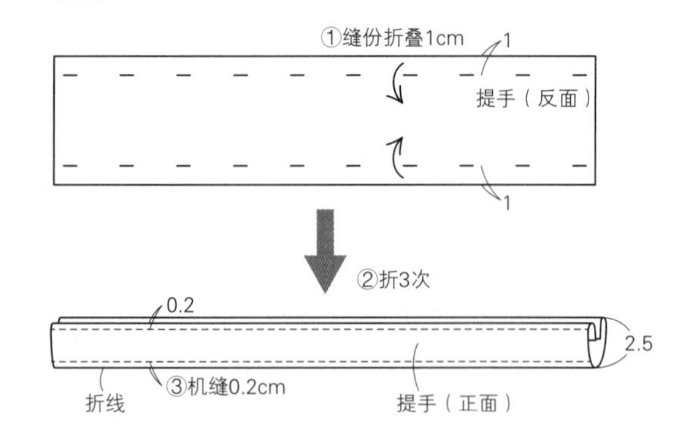

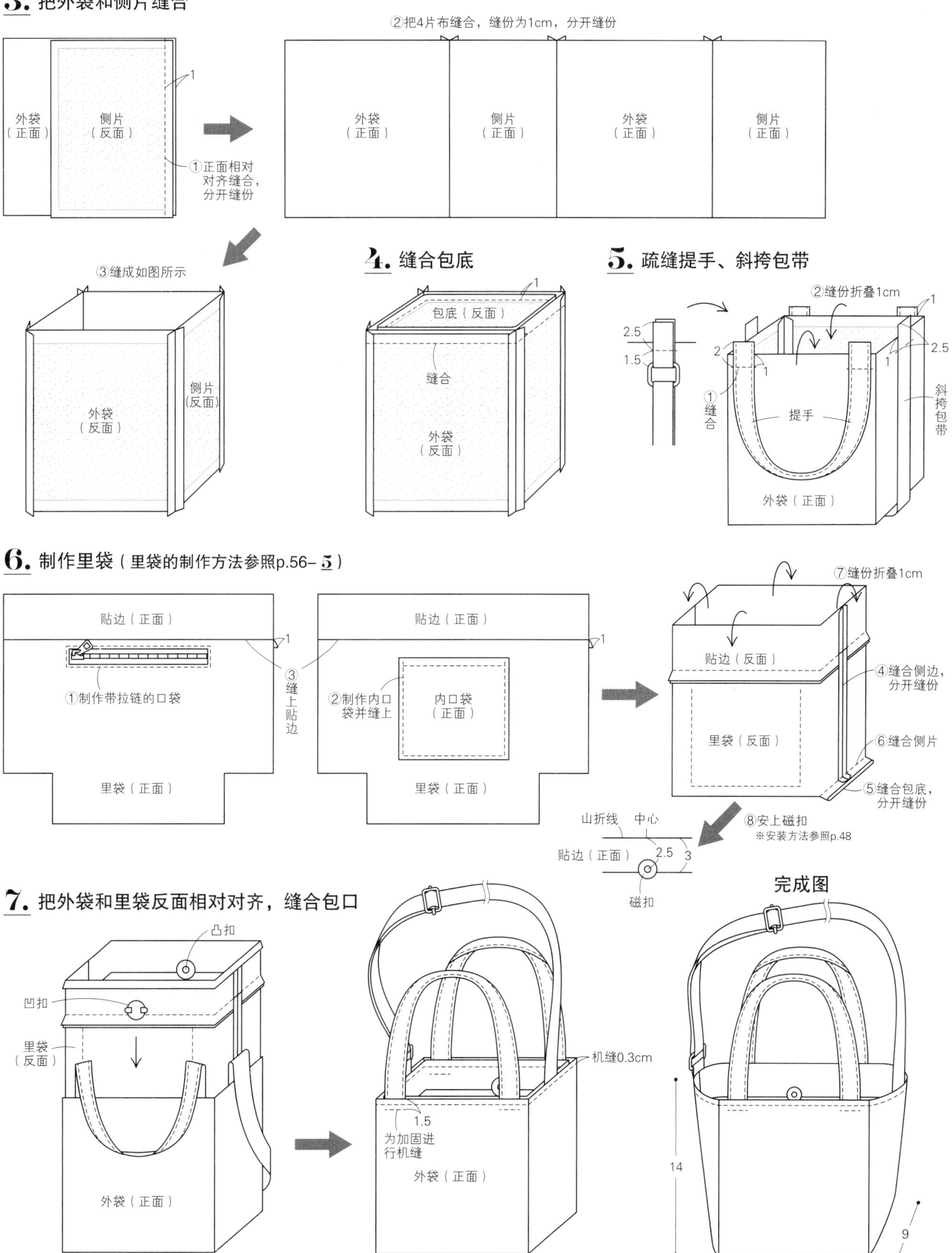
3. 把外袋和侧片缝合
②把4片布缝合，缝份为1cm，分开缝份
1
外袋
（正面）
侧片
（反面）
①正面相对
对齐缝合，
分开缝份
外袋
（正面）
侧片
（正面）
外袋
（正面）
侧片
（正面）
③缝成如图所示
外袋
（反面）
侧片
（反面）
4. 缝合包底
1
包底（反面）
缝合
外袋
（反面）
5. 疏缝提手、斜挎包带
②缝份折叠1cm
1
2.5
1.5
2
1
2.5
1
①
缝
合
提手
斜
挎
包
带
外袋（正面）
6. 制作里袋（里袋的制作方法参照p.56-5）
贴边（正面）
1
①制作带拉链的口袋
③
缝
上
贴
边
里袋（正面）
贴边（正面）
1
②制作内口
袋并缝上
内口袋
（正面）
里袋（正面）
⑦缝份折叠1cm
贴边（反面）
④缝合侧边，
分开缝份
里袋（反面）
⑥缝合侧片
⑤缝合包底，
分开缝份
⑧安上磁扣
※安装方法参照p.48
山折线
中心
贴边（正面）
2.5
3
磁扣
7. 把外袋和里袋反面相对对齐，缝合包口
凸扣
凹扣
里袋
（反面）
外袋（正面）
机缝0.3cm
1.5
为加固进
行机缝
外袋（正面）
完成图
14
9
14

# 4. *Chubby and Round Shoulder Bag*

## 橄榄球形背包 S / M / L

［图片］— p.10、p.11、p.12

**材料**

〈L〉黑色11号帆布…110cm×150cm
黑色棉布…110cm×80cm
长32cm的拉链…1根
长18cm的拉链…1根
宽0.7cm的黑色皮革带…12cm
内径3cm的口字环…1个
内径3cm的日字扣…1个

〈M〉彩色条纹帆布…108cm×150cm
印花棉布…110cm×40cm
长28cm的拉链…1根
内径2.5cm的口字环…1个
内径2.5cm的日字扣…1个

〈S〉蓝色尼龙布…73cm×50cm
印花棉布…90cm×30cm
长22cm的拉链…1根
宽3cm的黑色腈纶带子…120cm
内径3cm的塑料插扣…1组

**完成尺寸**

〈L〉44cm×23cm×23cm
〈M〉36cm×23cm×23cm
〈S〉26cm×17cm×17cm

**实物大纸型**

A面…外袋、里袋、内口袋〈L〉

**裁剪图**

※单位为cm
※包含缝份
※斜背包带、口字环布耳、内口袋都直接在布上画好线，然后裁剪

Ⓛ 外袋 黑色11号帆布

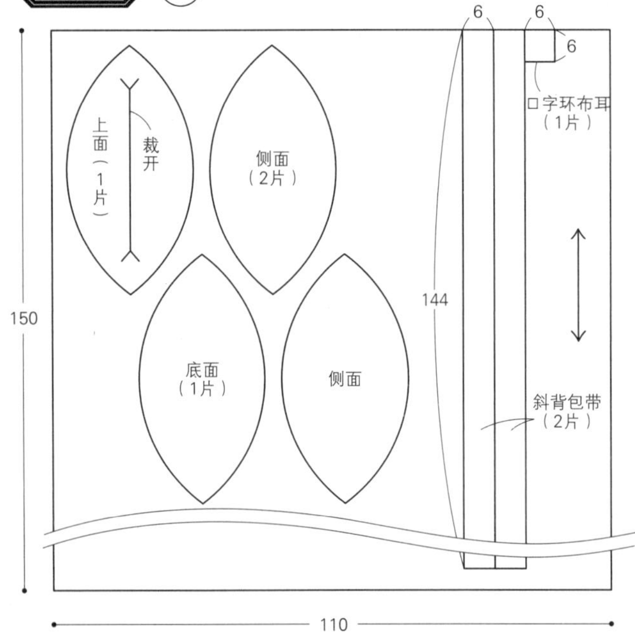


里袋 黑色棉布

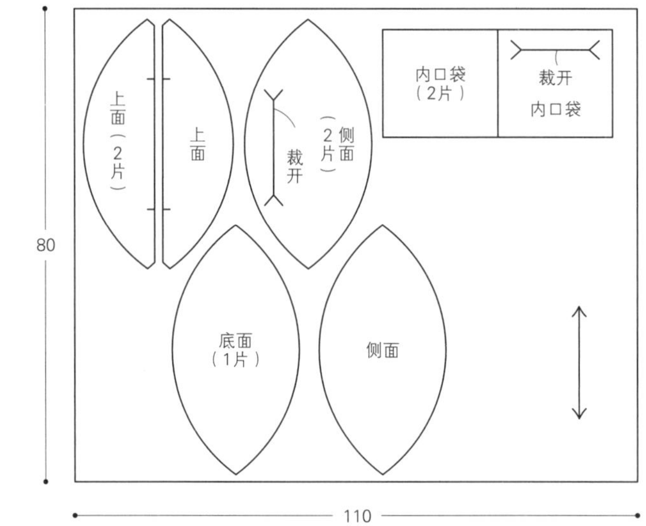


Ⓜ 外袋 彩色条纹帆布

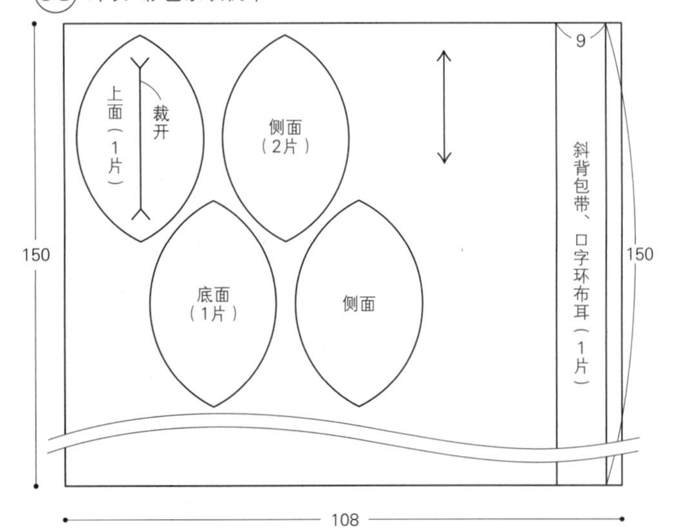


里袋 印花棉布

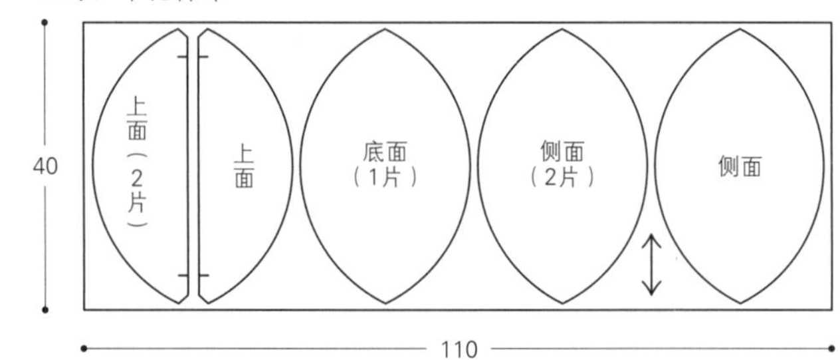

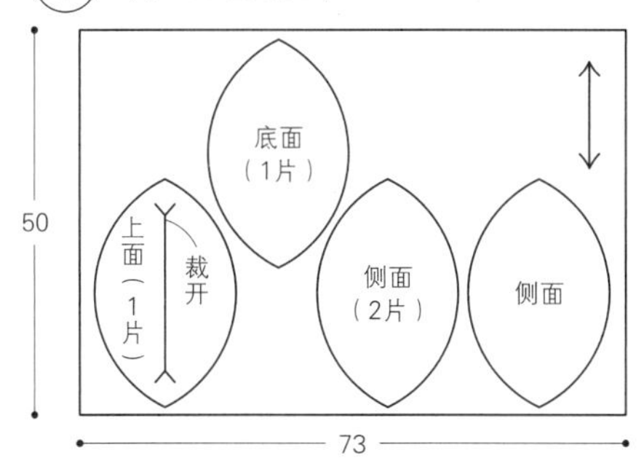


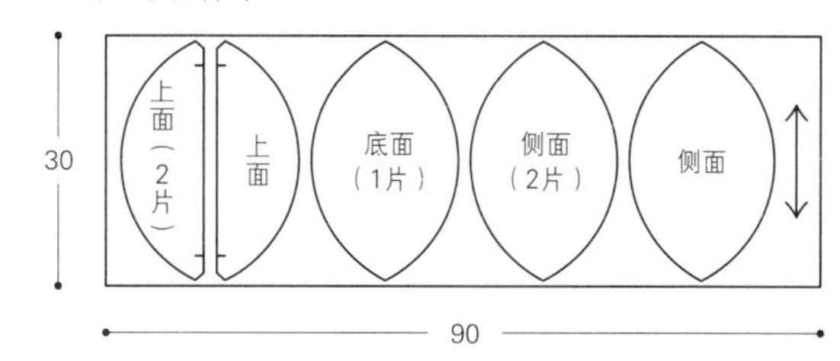


## 制作方法

## 1. 给里袋和外袋安上拉链（参照p.42 Step 1、p.43 Step 3. Ⓛ 参照p.43 Step 4）

## 2. 制作斜背包带和口字环布耳 ※Ⓢ号不需要制作布耳

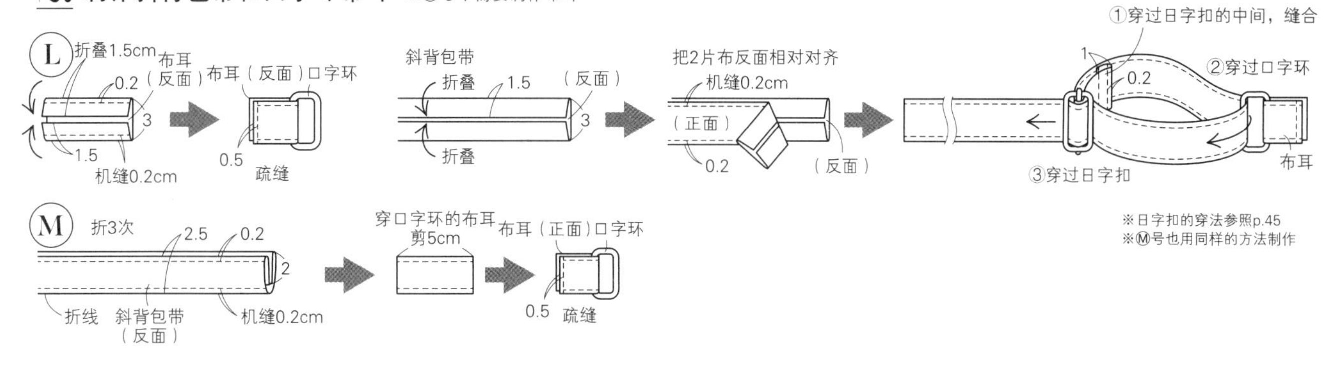


## 4. 制作外袋、安上里袋（参照p.45 Step 9、p.46 Step 10）

## 3. 缝里袋（参照p.42 Step 2）

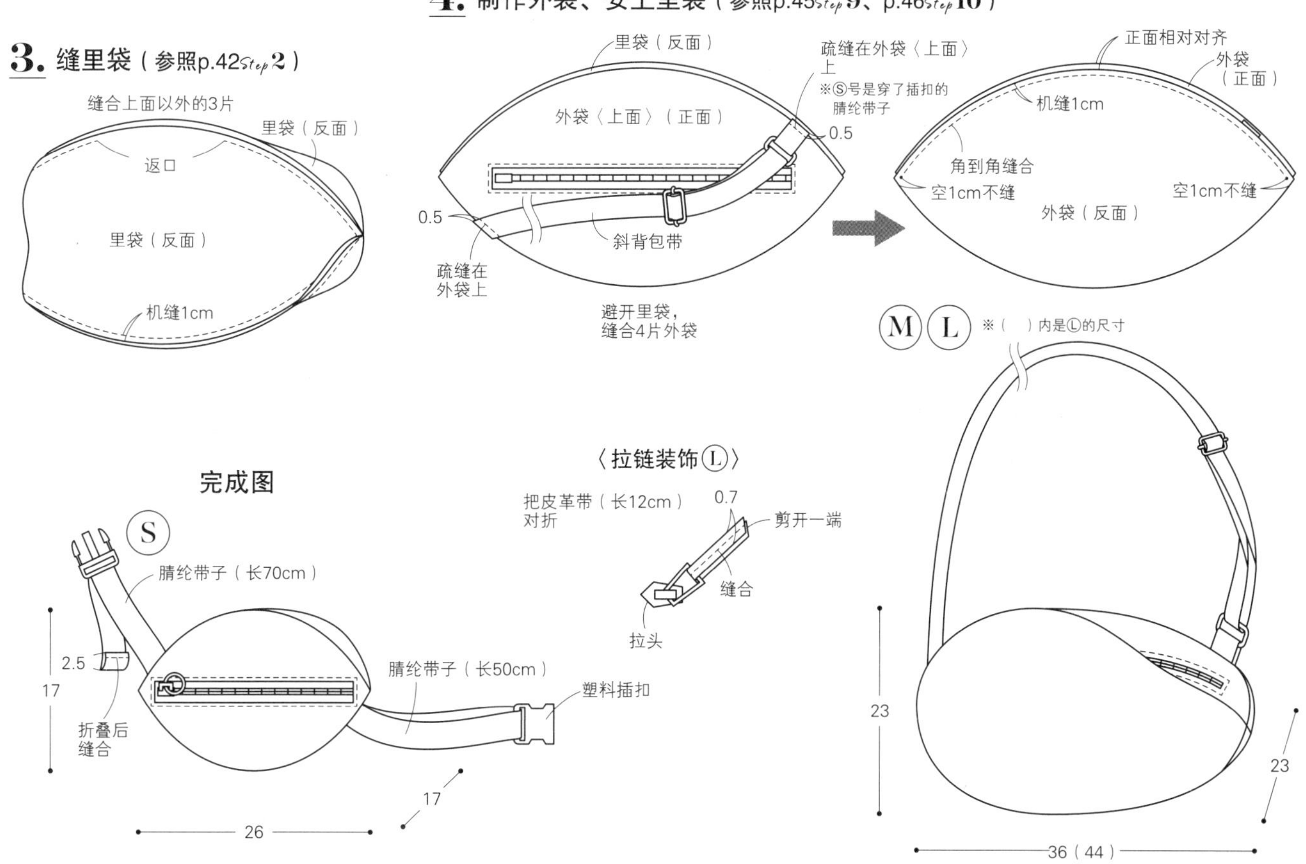

# 9. Boston Bag

# 波士顿包

[图片]— p.20、p.21

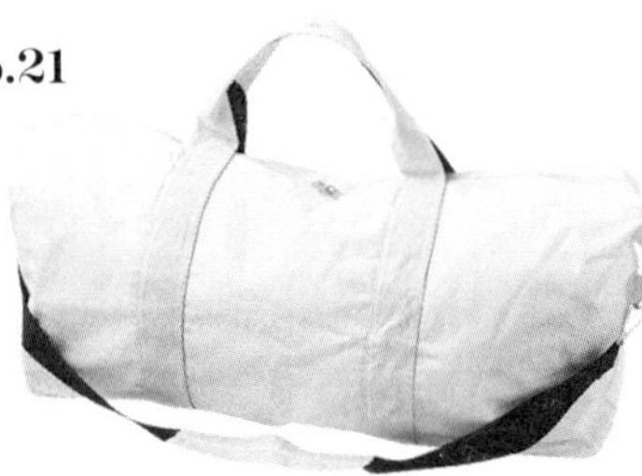

**材料**

软斜纹布…110cm×135cm
白色棉布（薄）…110cm×110cm
长80cm的双开拉链…1根
宽2cm的腈纶带子…48cm
宽5cm的黑色棉织带…350cm
内径2.5cm的D形环…2个
内径5cm的龙虾扣…2个
直径1cm的四合扣…3组

**完成尺寸**

60cm×34cm×20cm
（不包含提手）

**实物大纸型**

A面…外袋、里袋、贴边

**裁剪图**

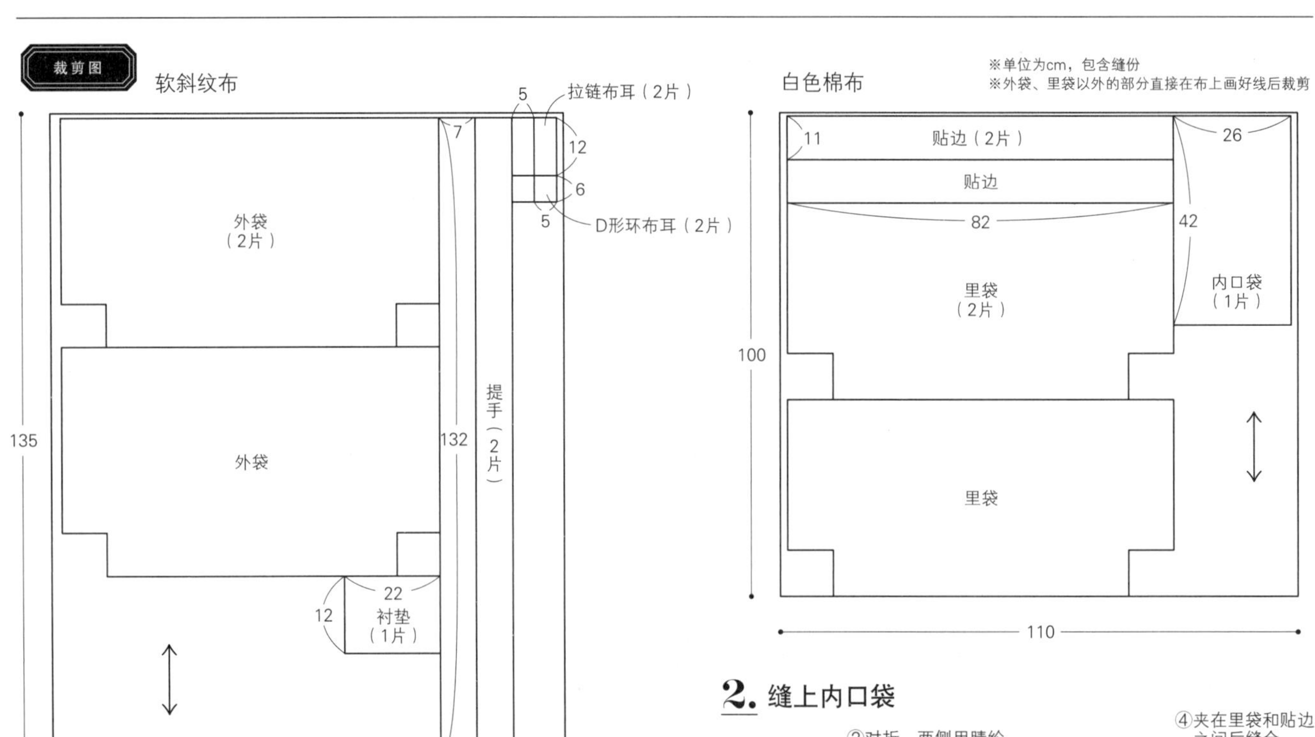


**制作方法**

## 1. 制作提手、D形环布耳、拉链布耳

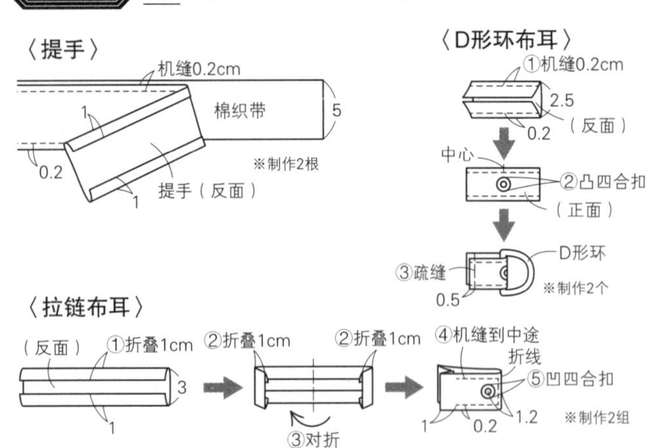


## 2. 缝上内口袋

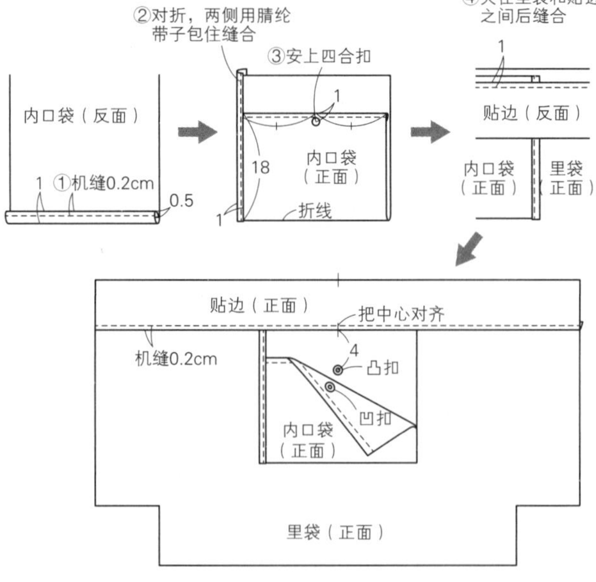

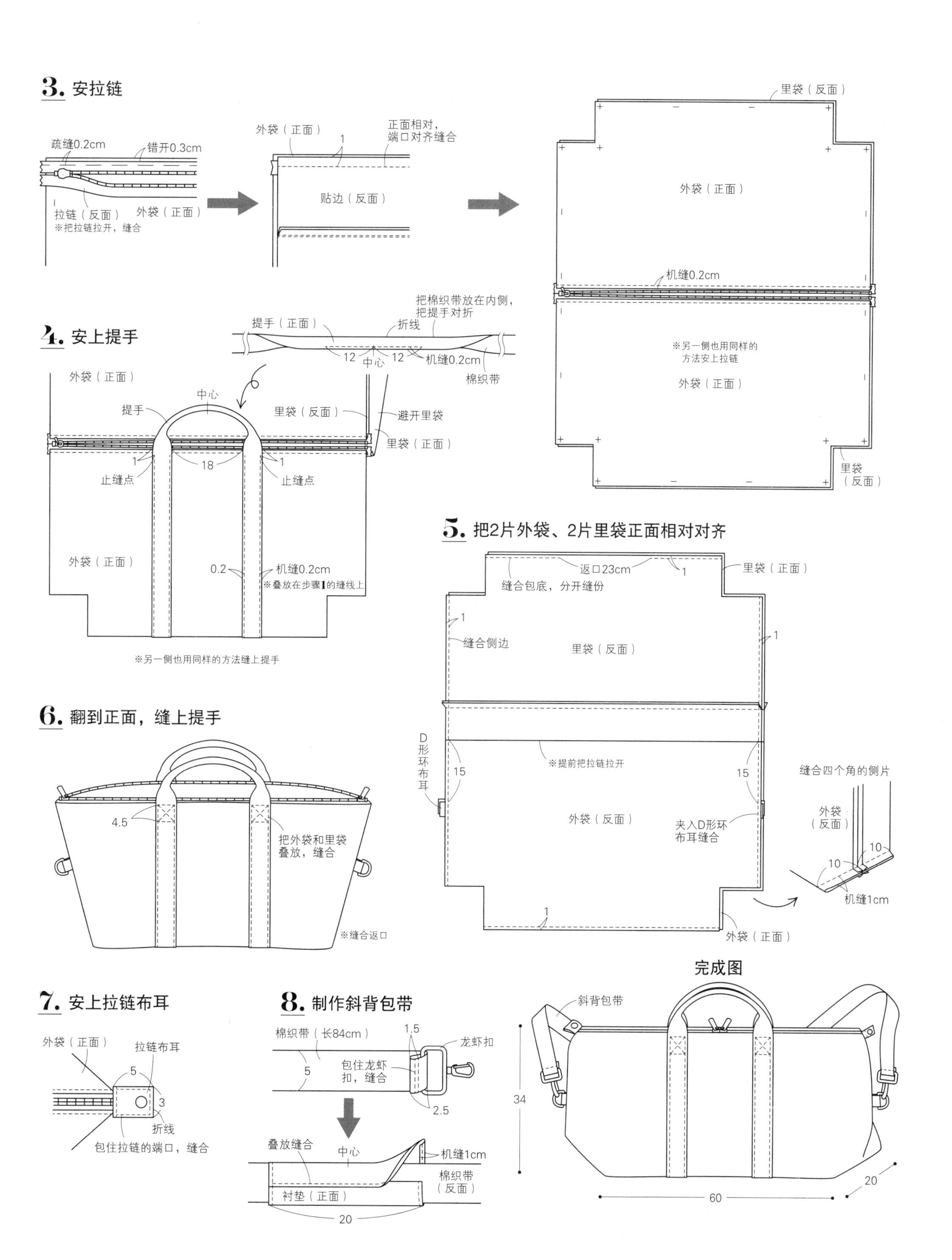
3. 安拉链
疏缝0.2cm
错开0.3cm
拉链（反面）
外袋（正面）
※把拉链拉开，缝合
外袋（正面）
1
正面相对，
端口对齐缝合
贴边（反面）
里袋（反面）
外袋（正面）
机缝0.2cm
※另一侧也用同样的
方法安上拉链
外袋（正面）
里袋
（反面）
4. 安上提手
把棉织带放在内侧，
把提手对折
提手（正面）
折线
12
中心
12
机缝0.2cm
棉织带
外袋（正面）
中心
提手
里袋（反面）
避开里袋
里袋（正面）
1
18
1
止缝点
止缝点
外袋（正面）
0.2
机缝0.2cm
※叠放在步骤1的缝线上
※另一侧也用同样的方法缝上提手
5. 把2片外袋、2片里袋正面相对对齐
返口23cm
1
里袋（正面）
缝合包底，分开缝份
1
缝合侧边
里袋（反面）
1
D
形
环
布
耳
※提前把拉链拉开
15
15
外袋（反面）
夹入D形环
布耳缝合
缝合四个角的侧片
外袋
（反面）
10
10
机缝1cm
1
外袋（正面）
6. 翻到正面，缝上提手
4.5
把外袋和里袋
叠放，缝合
※缝合返口
7. 安上拉链布耳
外袋（正面）
拉链布耳
5
3
折线
包住拉链的端口，缝合
8. 制作斜背包带
棉织带（长84cm）
1.5
龙虾扣
5
5
包住龙虾
扣，缝合
2.5
叠放缝合
中心
机缝1cm
棉织带
（反面）
衬垫（正面）
20
完成图
斜背包带
34
60
20

# 12. Drawstring Shoulder Bag

## 民族风束口袋

［图片］— p.24、p.25

提花布…110cm×120cm
棉布…110cm×25cm
黏合衬…20cm×20cm
做流苏用的人造丝线…适量

**完成尺寸**

高21.5cm×包底直径14.5cm

**实物大纸型**

B面…包底

**裁剪图**

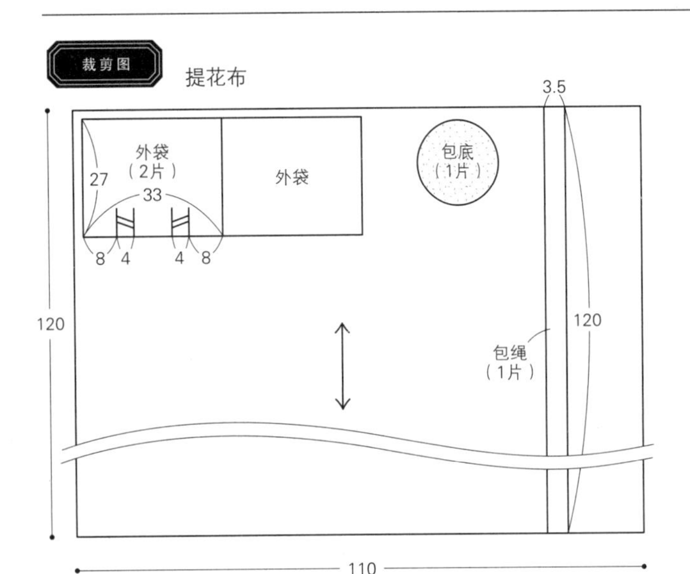


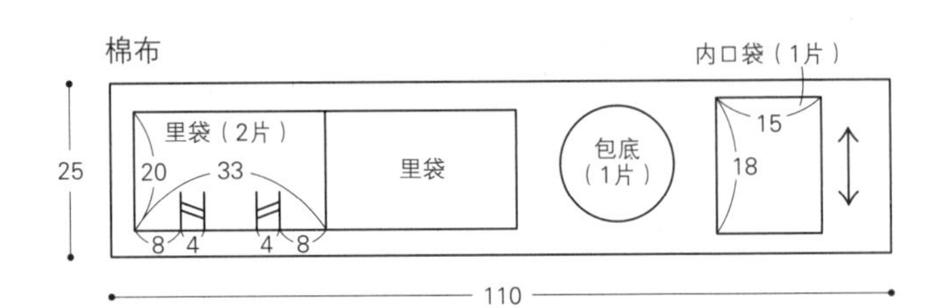


※单位为cm，包含缝份
※外袋、包绳、里袋、内口袋都是在布上直接画好线后裁剪
※▒表示在反面要贴上黏合衬

**制作方法**

### 1. 制作包绳

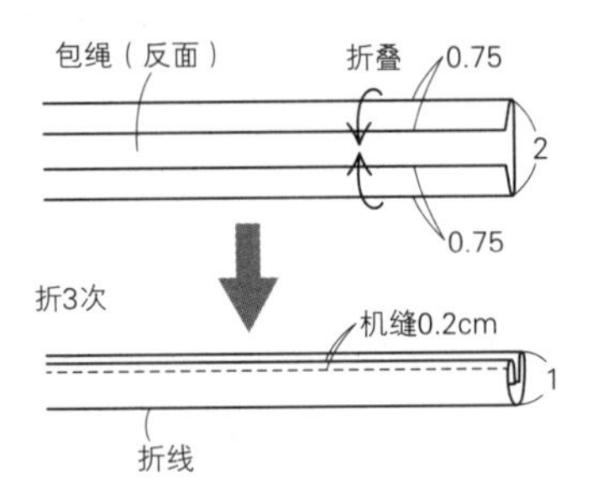


### 2. 制作并安装内口袋

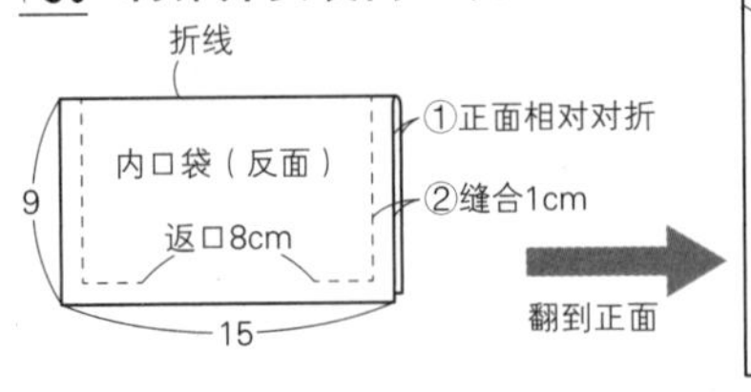


翻到正面

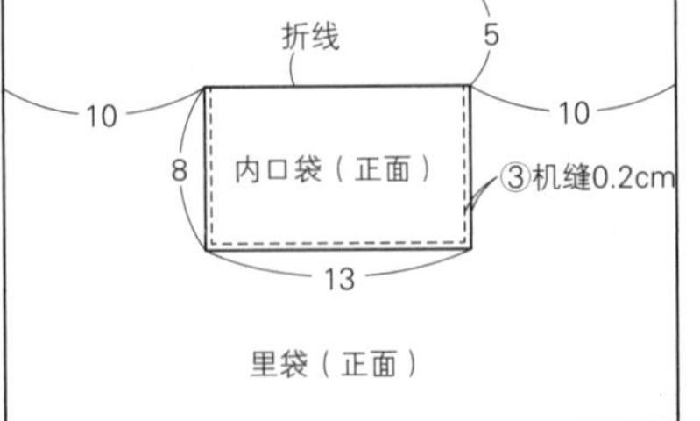


### 3. 缝合外袋的侧边，打褶

外袋（正面）
①把2片外袋正面相对对齐
5
5
留2.5cm不缝
留2.5cm不缝
外袋（反面）
1
1
②缝合
缝合

③分开缝份
5
外袋（反面）
穿绳口
④机缝0.3cm

⑤抽褶，然后疏缝

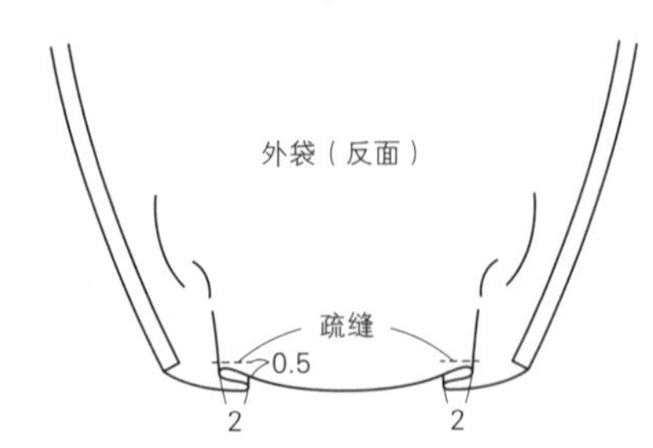

## 4. 安包底

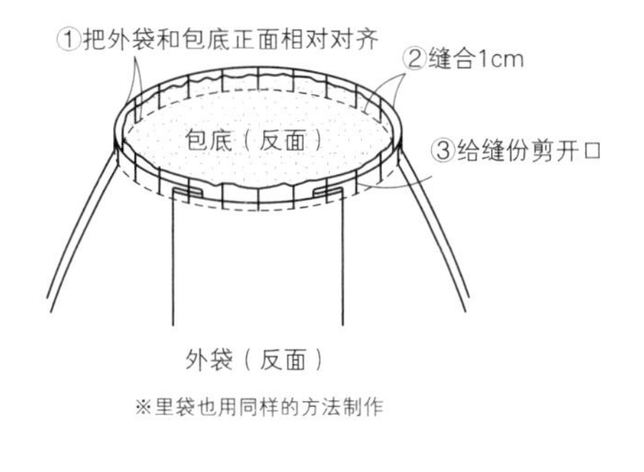


※里袋也用同样的方法制作

## 5. 把外袋和里袋正面相对对齐，缝合袋口

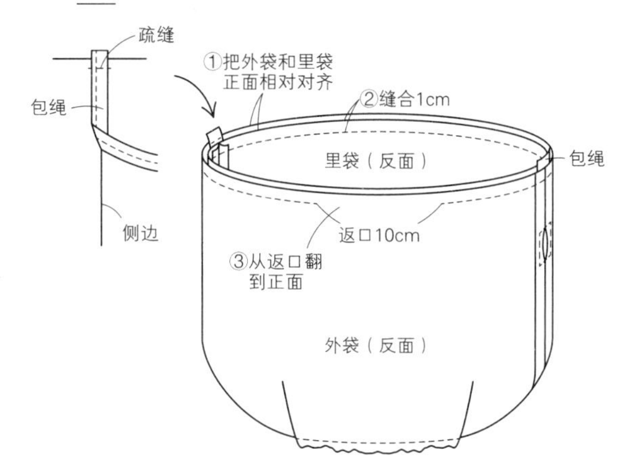


## 6. 制作穿绳通道

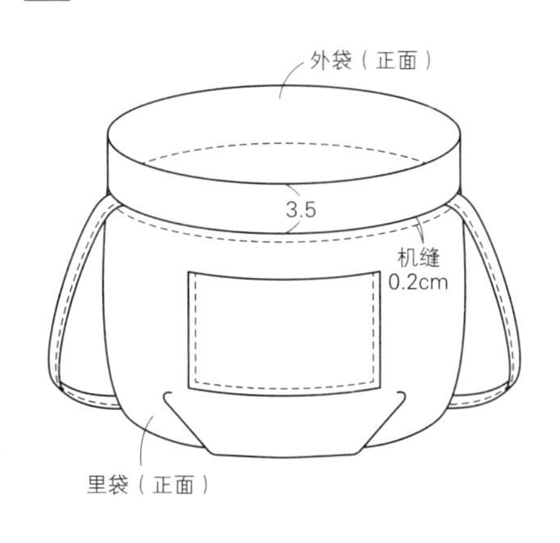


## 7. 制作束口绳并穿上

①15根人造丝为一束，准备3组，编三股辫。编80cm长，端头留够。制作2根

②将袋布翻到正面，将2根束口绳用交错穿绳的方式穿进去

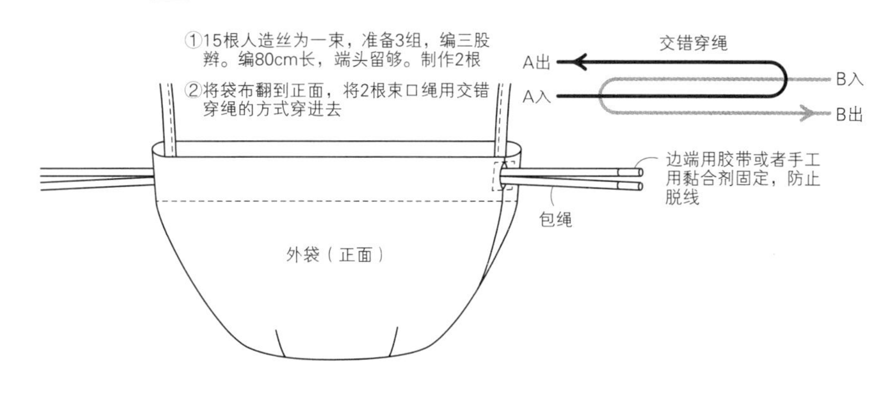


## 8. 制作流苏

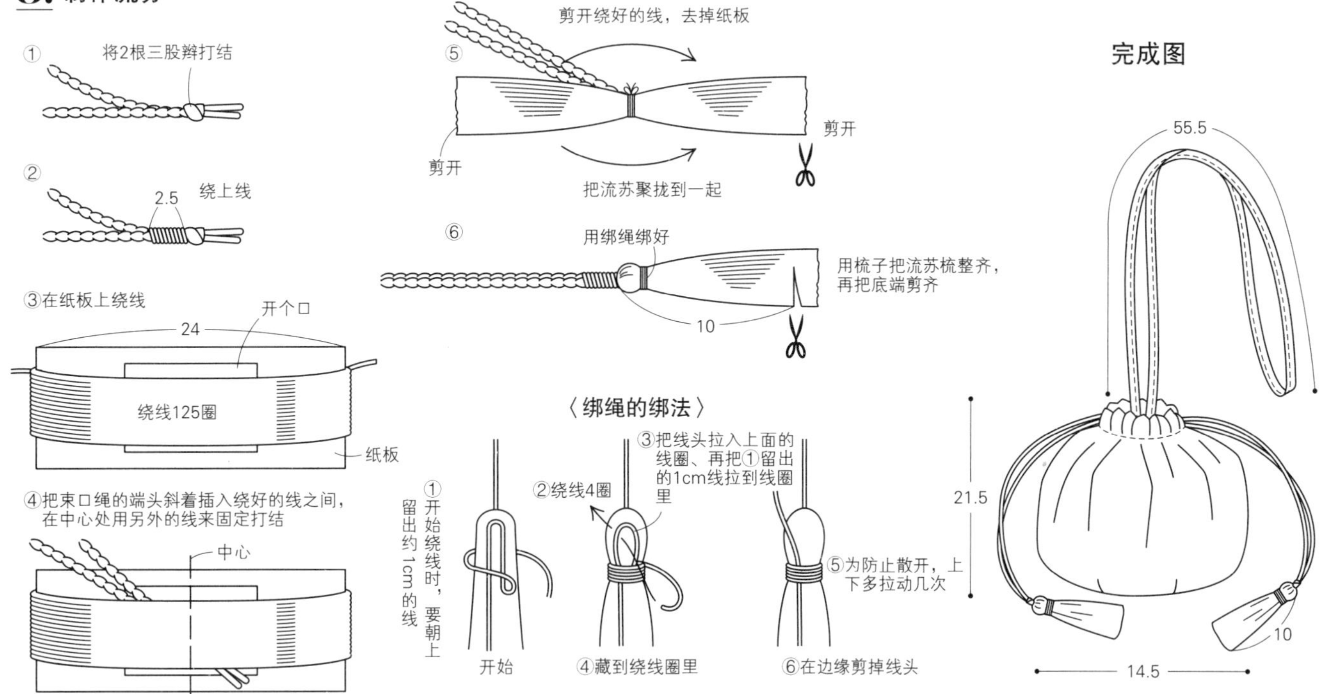

# 10. Organizer Pouch

# 收纳包

**S / M**

[图片]— p.22

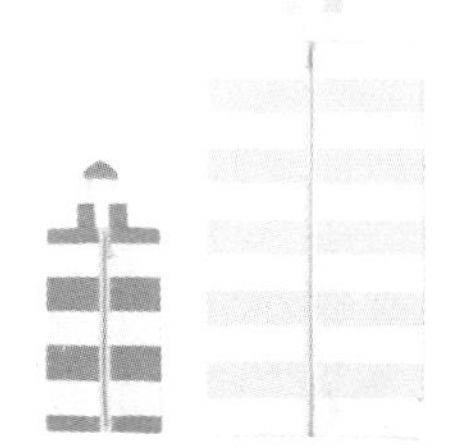

**材料**

〈S〉彩色条纹帆布…60cm×30cm
长19cm的拉链…1根

〈M〉彩色条纹帆布…108cm×50cm
长39cm的拉链…1根

**完成尺寸**

〈S〉12cm×20cm×12cm

〈M〉23cm×40cm×22cm

**实物大纸型**

没有纸型。直接在布上画好线后裁剪。

**裁剪图**

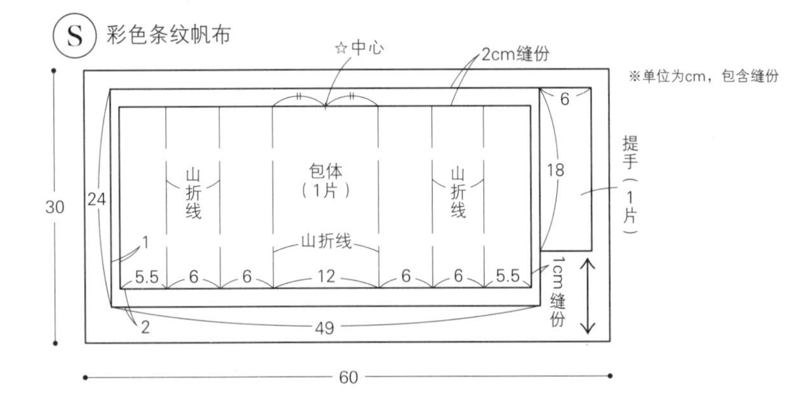


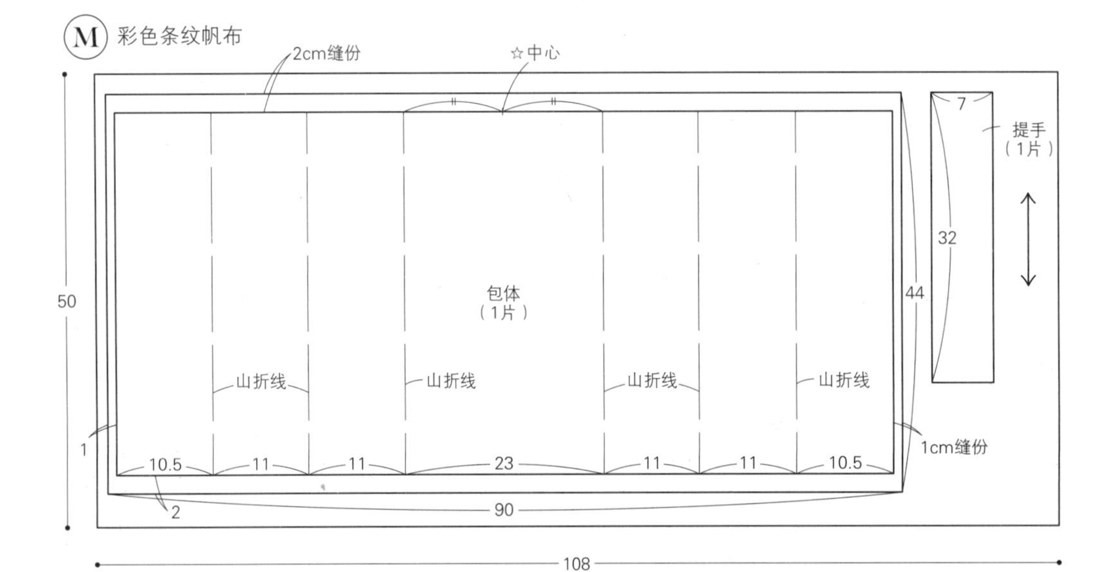


**制作方法**

## 1. 制作提手

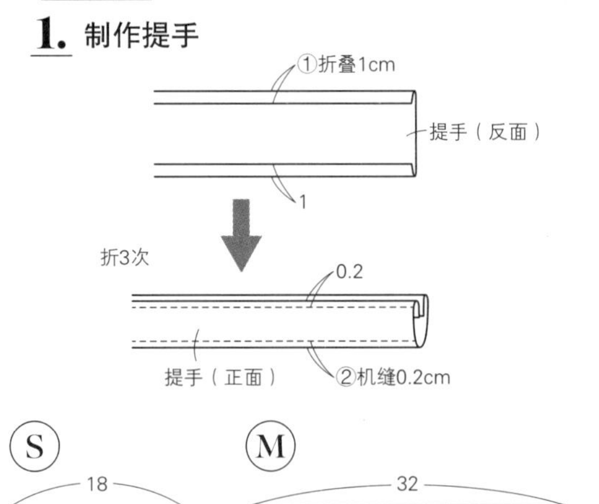

## 2. 安拉链

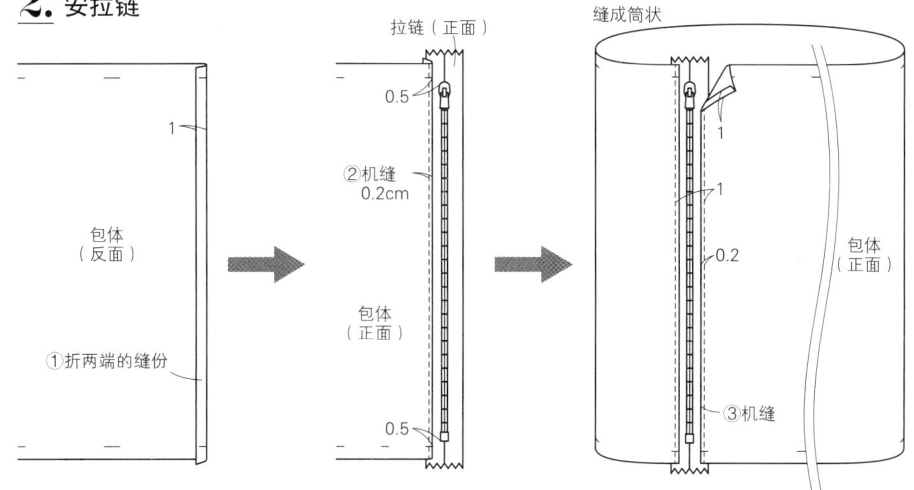


## 3. 折叠两端，上下缝合

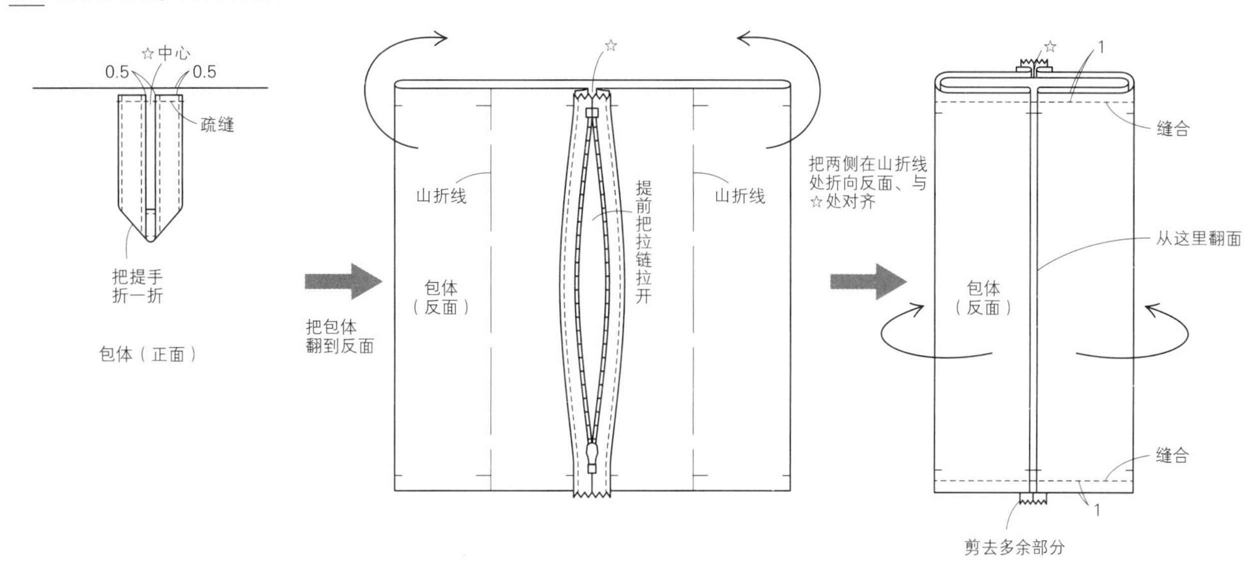


## 4. 翻面后，上下缝合

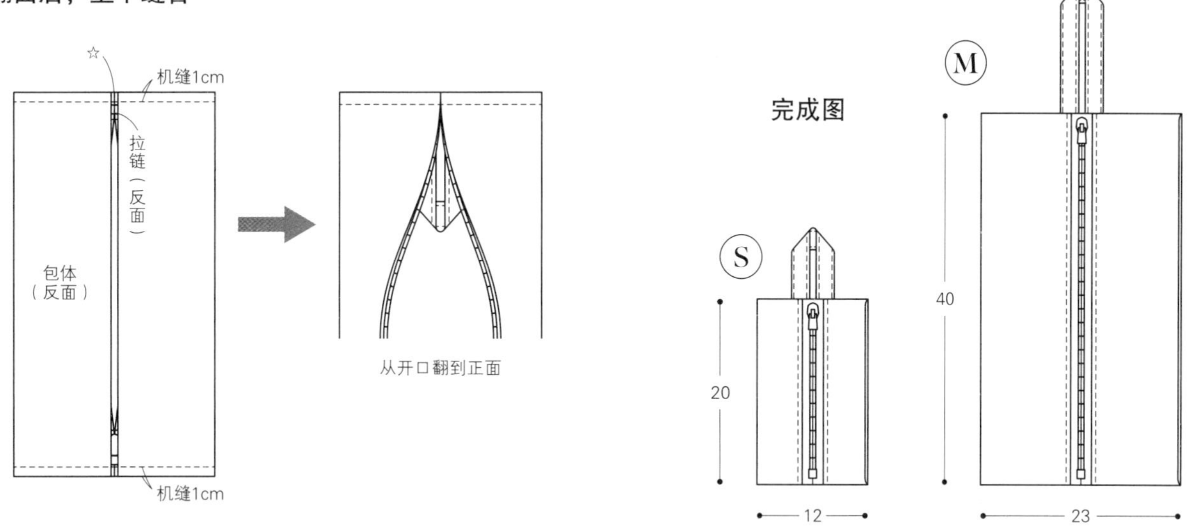

# 15. *Round Tote Bag*

# 圆形托特包

**S / M**

［图片］— p.30

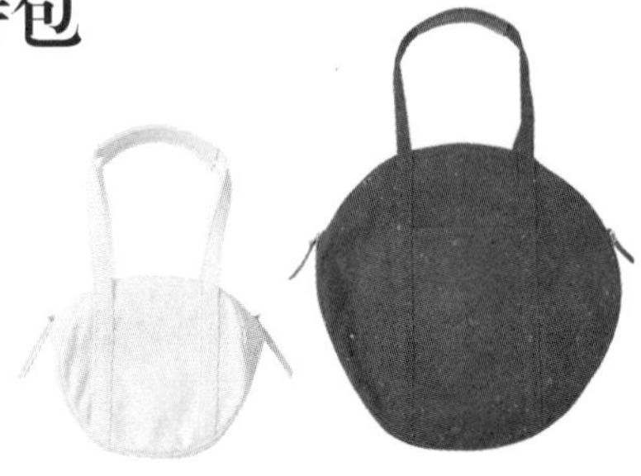

**材料**

〈S〉白色11号帆布…110cm×40cm
白色棉布…110cm×25cm
白色皮革…8cm×28cm
长23cm的双开拉链…1根
宽0.7cm的白色皮革带…16cm
宽2cm的包边条（包缝份用）…140cm

〈M〉黑色11号帆布…110cm×120cm
黑色棉布…110cm×80cm
黑色皮革…8cm×28cm
长45cm的双开拉链…1根
宽0.7cm的黑色皮革带…16cm
宽2cm的包边条（包缝份用）…240cm

**完成尺寸**

〈S〉19.5cm×19.5cm×8cm
〈M〉36.5cm×36.5cm×10cm

**实物大纸型**

B面…外袋、外口袋、里袋

※皮革提手加固条因为有厚度，使用家用缝纫机缝制时，请省略掉该材料和步骤

**裁剪图**

※单位为cm，包含缝份
※包底侧片、拉链侧片、提手、内口袋、提手加固条都是直接在布上画好线后裁剪

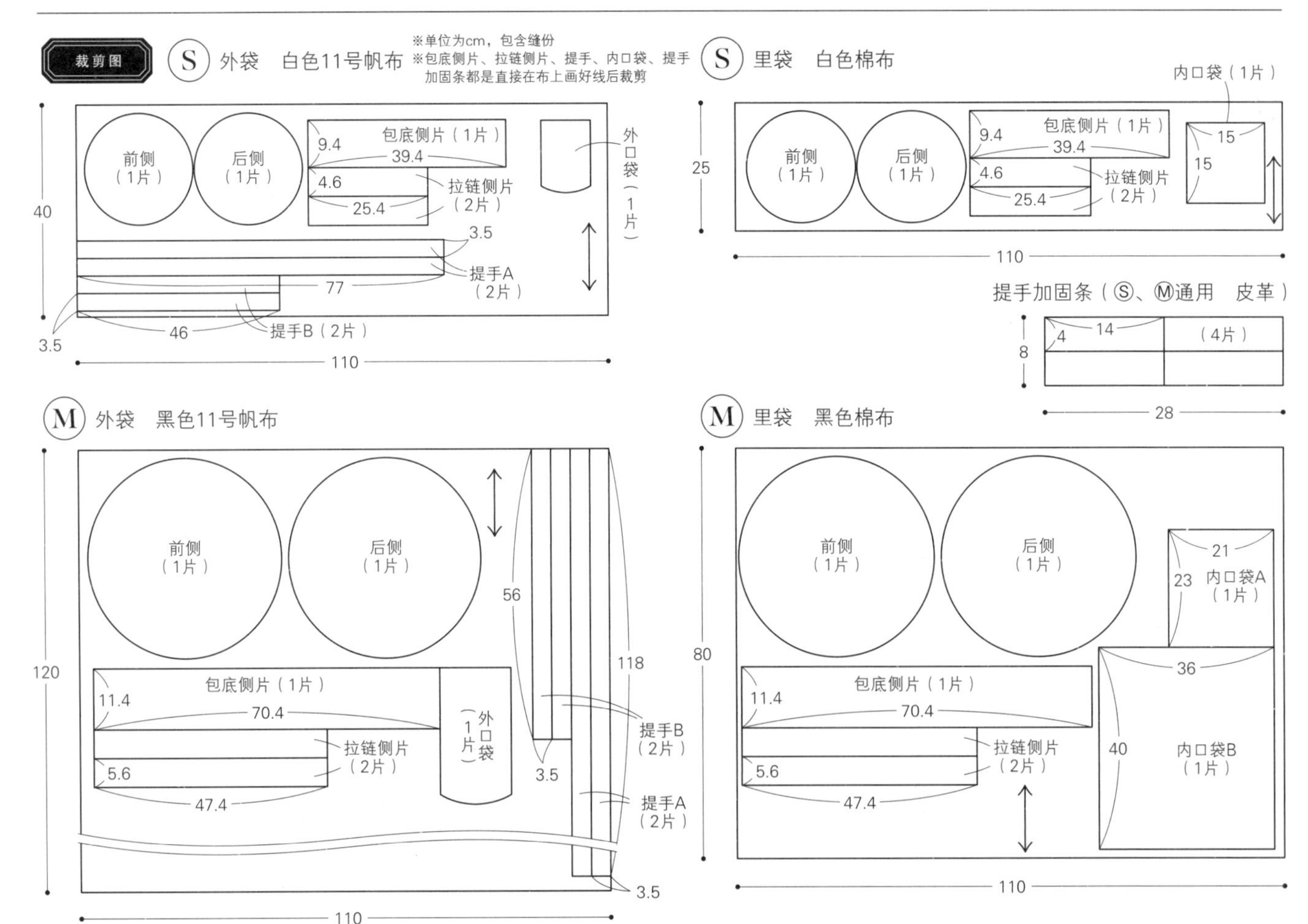


**制作方法**

## 1. 制作提手

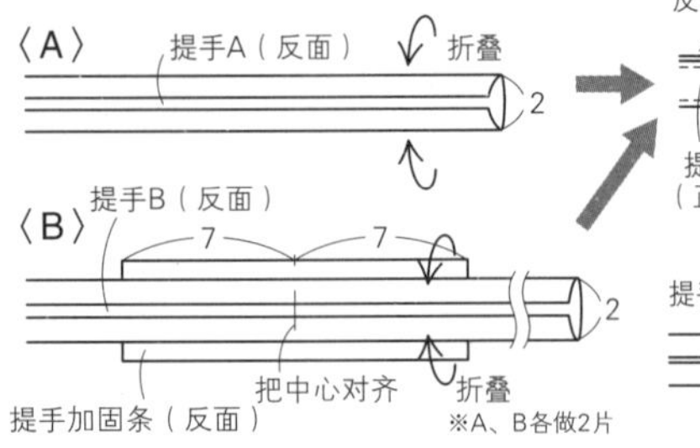


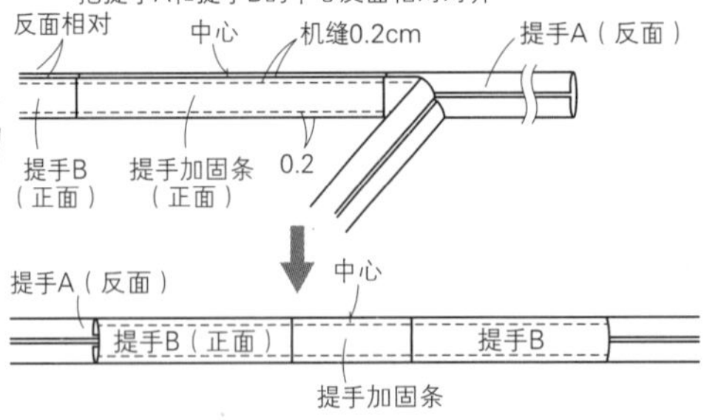


## 2. 制作外口袋

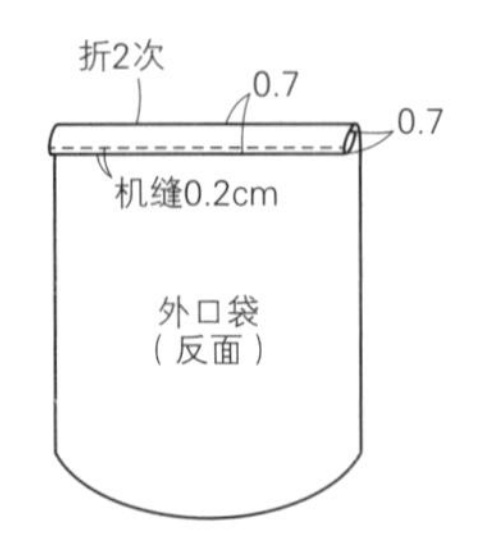

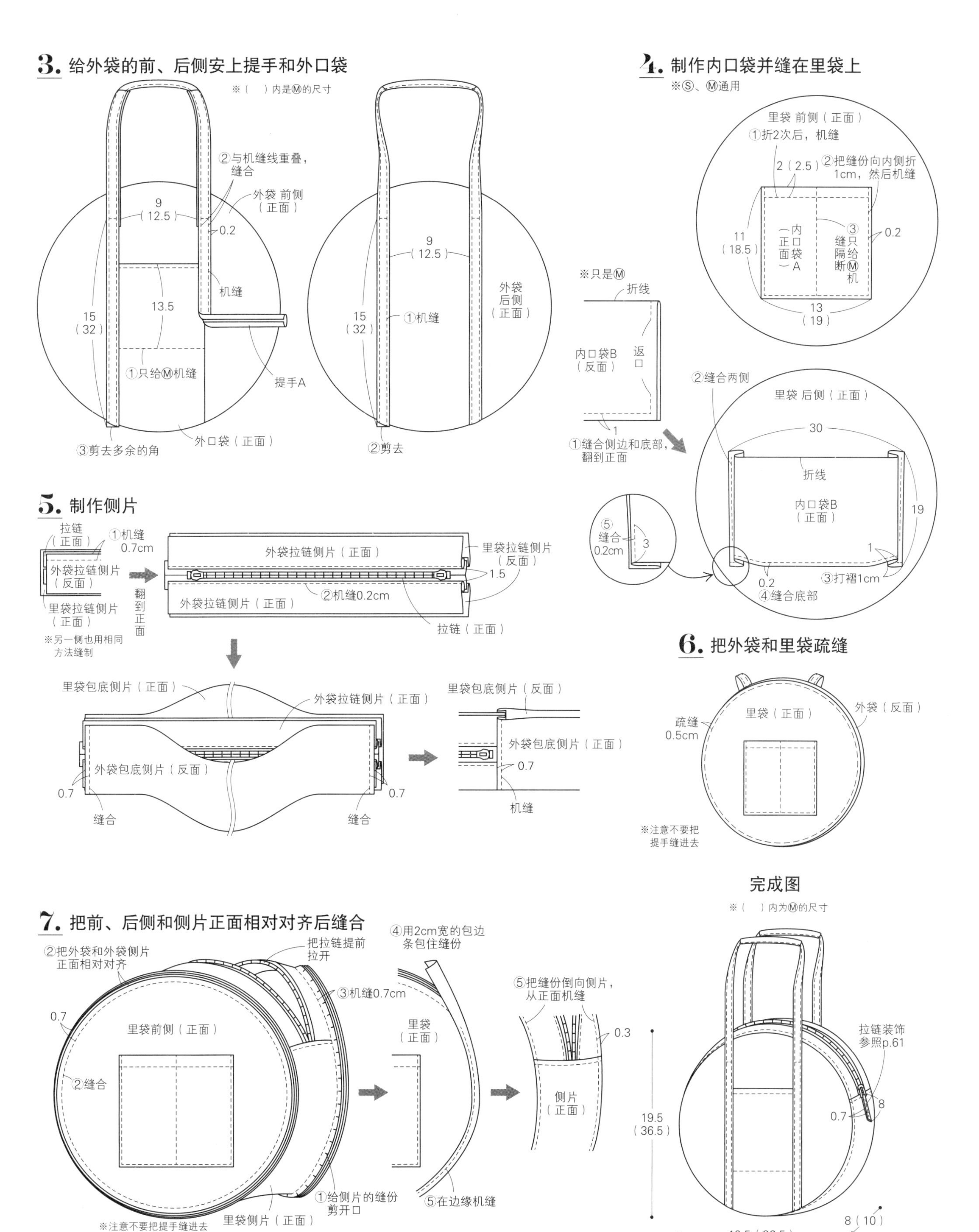
3. 给外袋的前、后侧安上提手和外口袋
※（ ）内是Ⓜ的尺寸
②与机缝线重叠，缝合
外袋 前侧（正面）
9（12.5）
0.2
机缝
13.5
15（32）
①只给Ⓜ机缝
提手A
③剪去多余的角
外口袋（正面）
9（12.5）
①机缝
外袋 后侧（正面）
②剪去
4. 制作内口袋并缝在里袋上
※Ⓢ、Ⓜ通用
里袋 前侧（正面）
①折2次后，机缝
2（2.5）
②把缝份向内侧折1cm，然后机缝
11（18.5）
内口袋A（正面）
③只给Ⓜ机缝隔断
0.2
13（19）
※只是Ⓜ
折线
内口袋B（反面）
返口
1
①缝合侧边和底部，翻到正面
②缝合两侧
里袋 后侧（正面）
30
折线
内口袋B（正面）
19
⑤缝合0.2cm
3
1
0.2
③打褶1cm
④缝合底部
5. 制作侧片
拉链（正面）
①机缝0.7cm
外袋拉链侧片（反面）
里袋拉链侧片（正面）
※另一侧也用相同方法缝制
翻到正面
外袋拉链侧片（正面）
里袋拉链侧片（反面）
1.5
②机缝0.2cm
外袋拉链侧片（正面）
拉链（正面）
里袋包底侧片（正面）
外袋拉链侧片（正面）
外袋包底侧片（反面）
0.7
缝合
0.7
缝合
里袋包底侧片（反面）
外袋包底侧片（正面）
0.7
机缝
6. 把外袋和里袋疏缝
里袋（正面）
外袋（反面）
疏缝0.5cm
※注意不要把提手缝进去
完成图
※（ ）内为Ⓜ的尺寸
7. 把前、后侧和侧片正面相对对齐后缝合
②把外袋和外袋侧片正面相对对齐
把拉链提前拉开
③机缝0.7cm
0.7
里袋前侧（正面）
②缝合
①给侧片的缝份剪开口
里袋侧片（正面）
※注意不要把提手缝进去
④用2cm宽的包边条包住缝份
里袋（正面）
⑤在边缘机缝
⑤把缝份倒向侧片，从正面机缝
0.3
侧片（正面）
拉链装饰参照p.61
8
0.7
19.5（36.5）
8（10）
19.5（36.5）

# 16. Reversible Shoulder Bag

# 两用单肩包

[图片]— p.32

**材料**

经过做旧处理的8号帆布…110cm×70cm
黄褐色棉布…110cm×70cm

**完成尺寸**

39cm×41cm×8cm
（不包含提手）

**实物大纸型**

B面…外袋、里袋

**裁剪图**

经过做旧处理的8号帆布

※单位为cm，包含缝份
※侧片、提手直接在布上画好线后裁剪

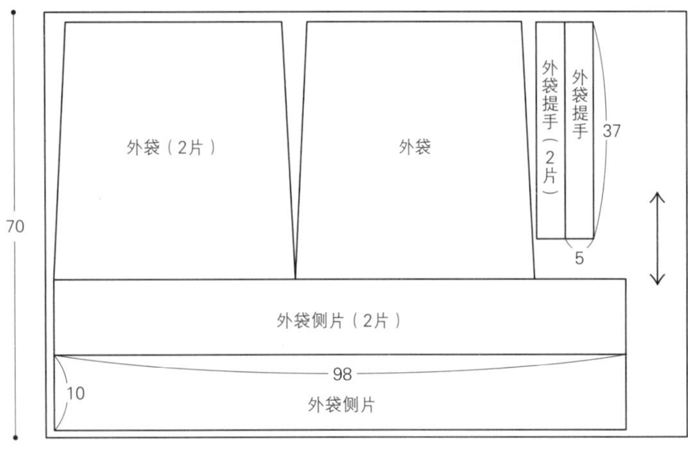


黄褐色棉布

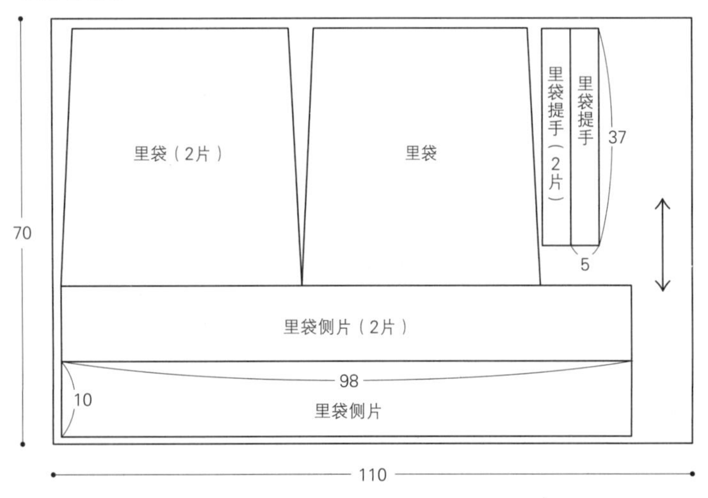


**制作方法**

## 1. 制作提手

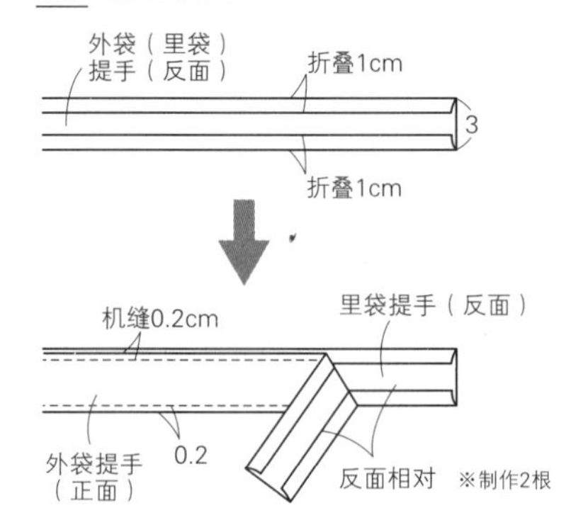


## 2. 缝合侧片的包底中心

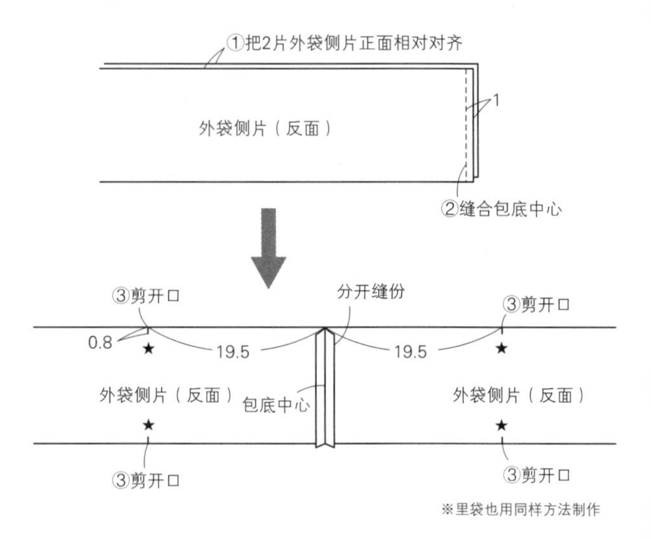


※里袋也用同样方法制作

## 3. 缝合外袋和侧片

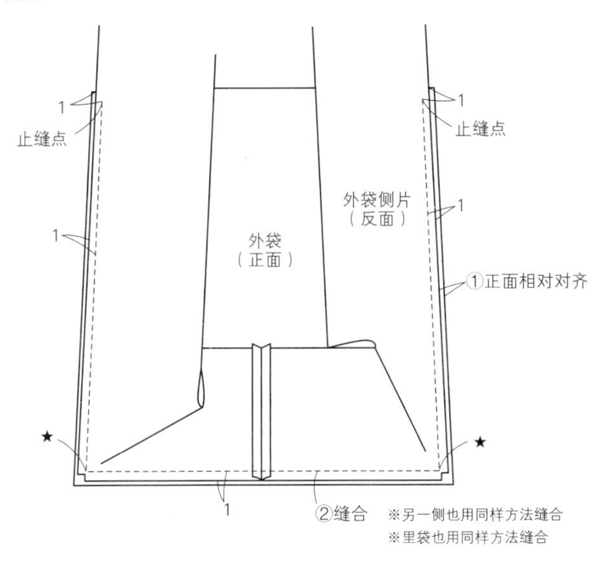


## 4. 把侧片的提手部分在中心缝合

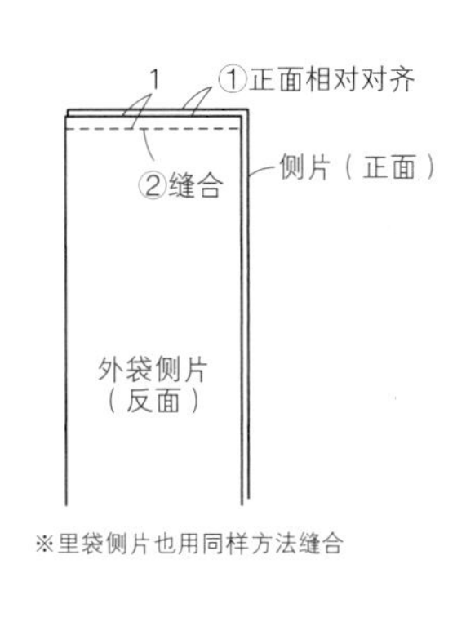


## 5. 折叠所有的缝份

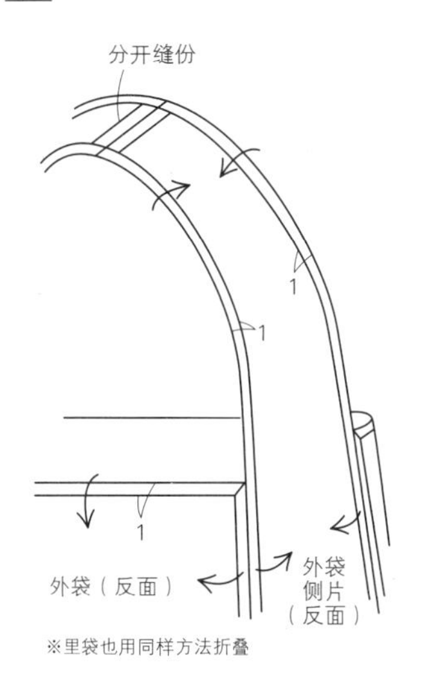


## 6. 安上提手

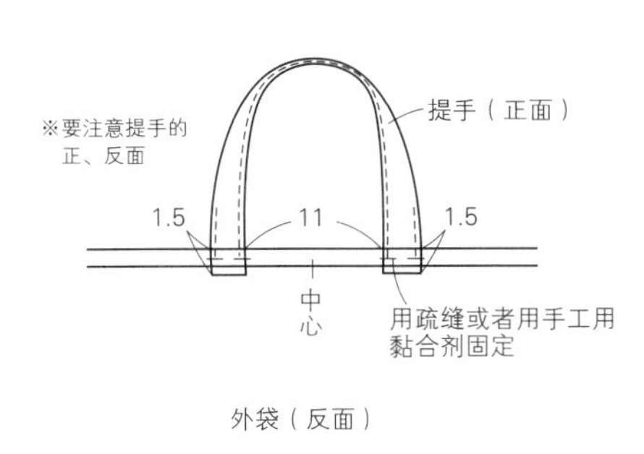


## 7. 把外袋和里袋反面相对叠放

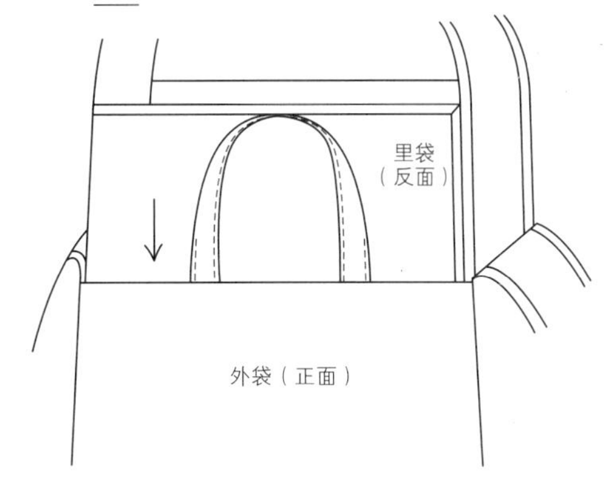


## 8. 缝制包口、提手

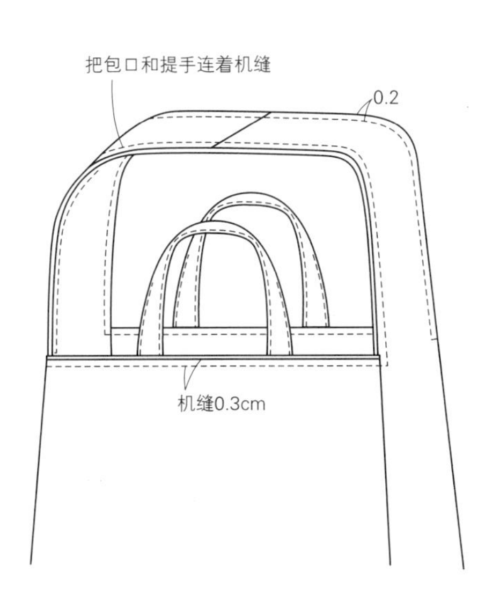


## 9. 再次机缝，加固提手

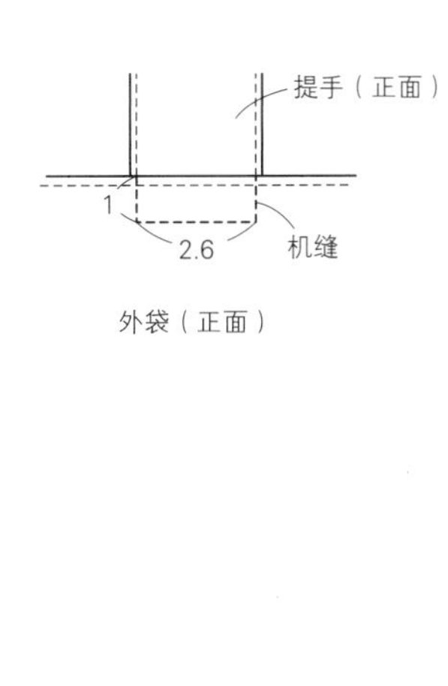


## 完成图

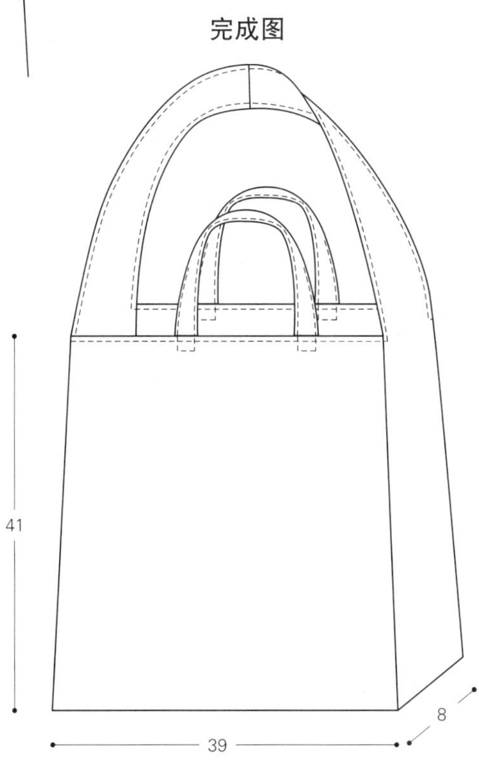

# 17. *Frilled Handle Tote Bag*

# 褶皱提手的托特包

［图片］— p.33

**材料**

白色帆布…110cm×70cm
黑色帆布…125cm×30cm
条纹棉布…110cm×55cm
黏合衬…98cm×75cm

**完成尺寸**

30cm×30cm×20cm
（不包含提手）

**实物大纸型**

没有纸型。直接在布上画好线后裁剪。

**裁剪图**

白色帆布

※单位为cm，包含缝份
※▒表示在反面要贴上黏合衬

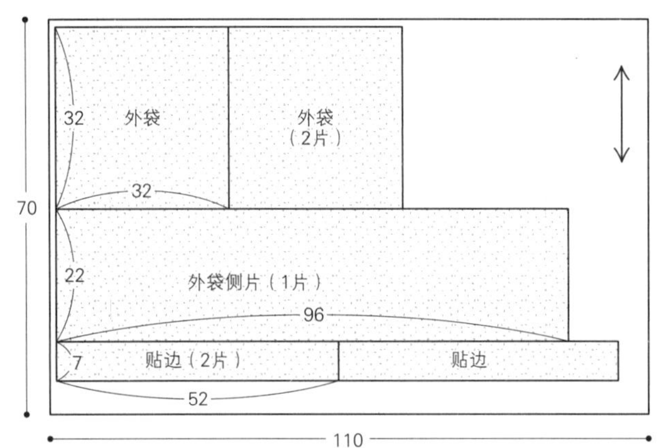


条纹棉布

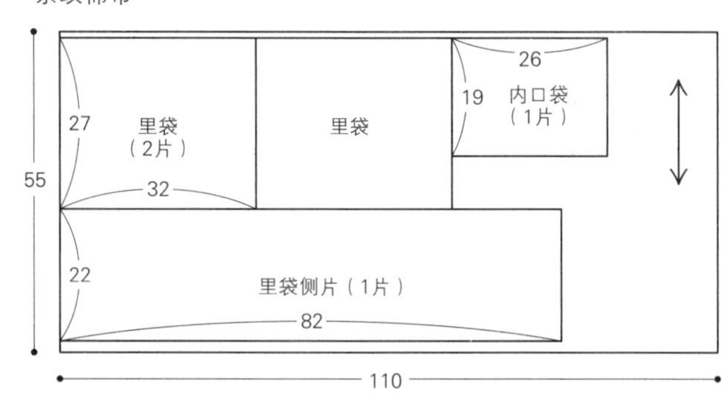


※单位为cm，包含缝份
※▒表示在反面要贴上黏合衬

黑色帆布

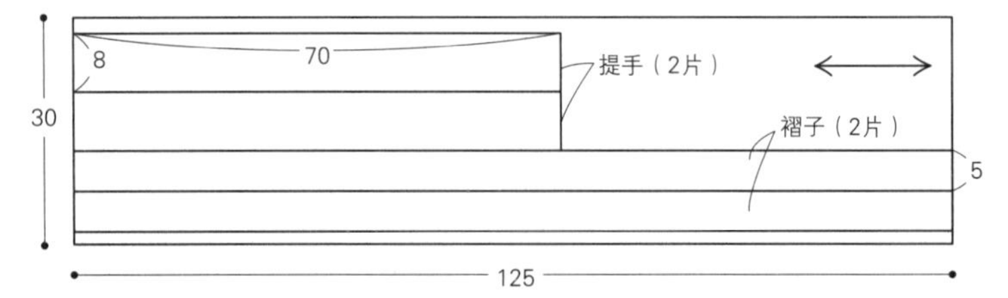


**制作方法**

## 1. 制作提手

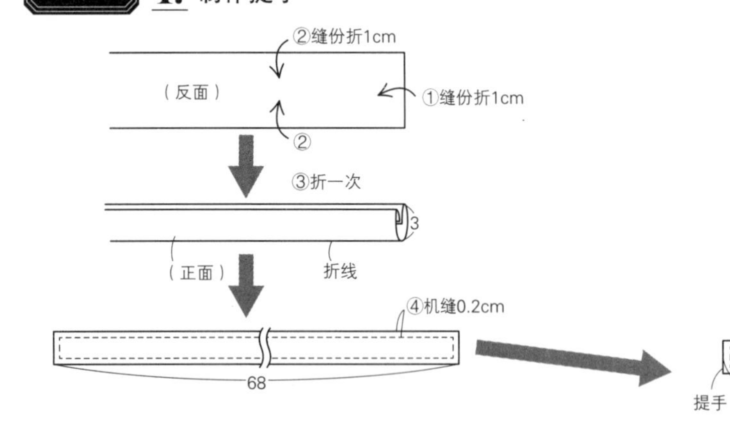


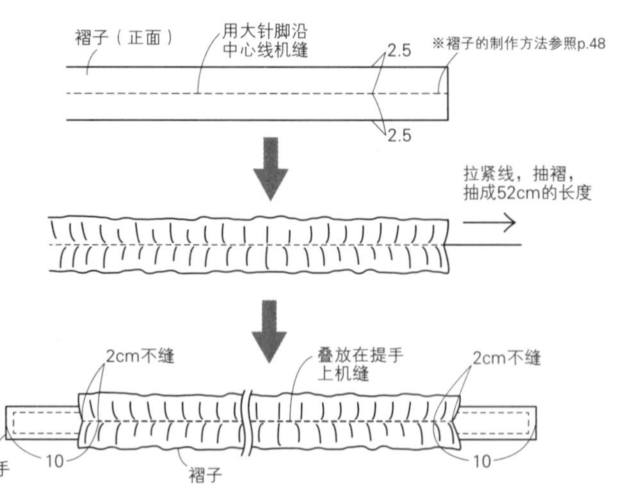

## 2. 制作并安装内口袋

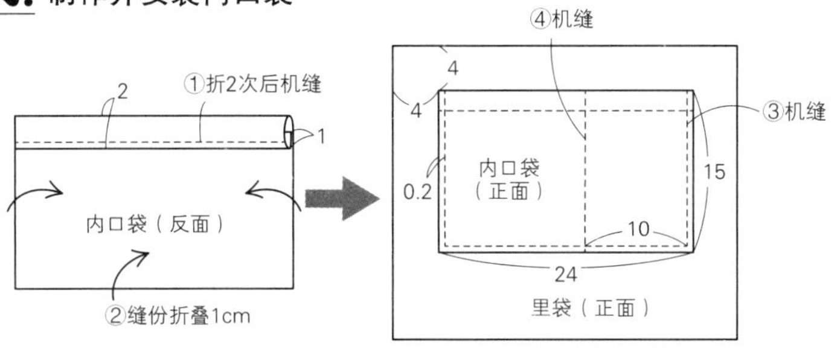


## 3. 制作外袋

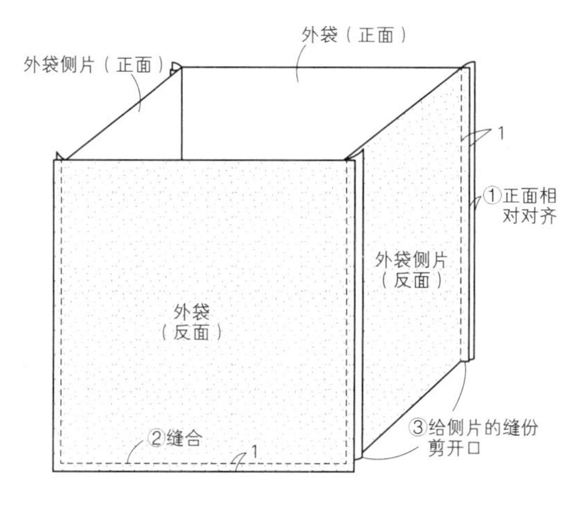


## 4. 制作里袋

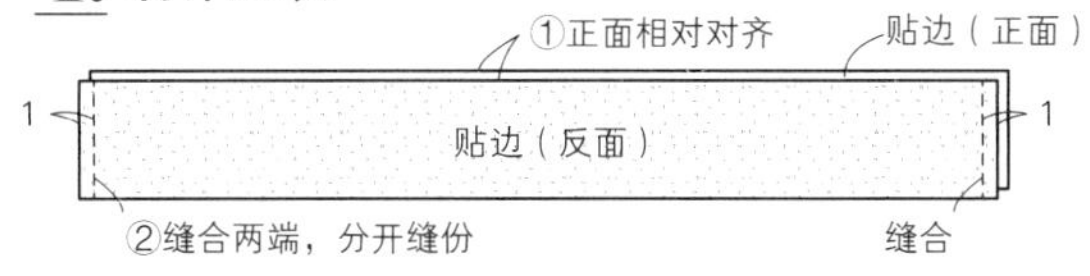


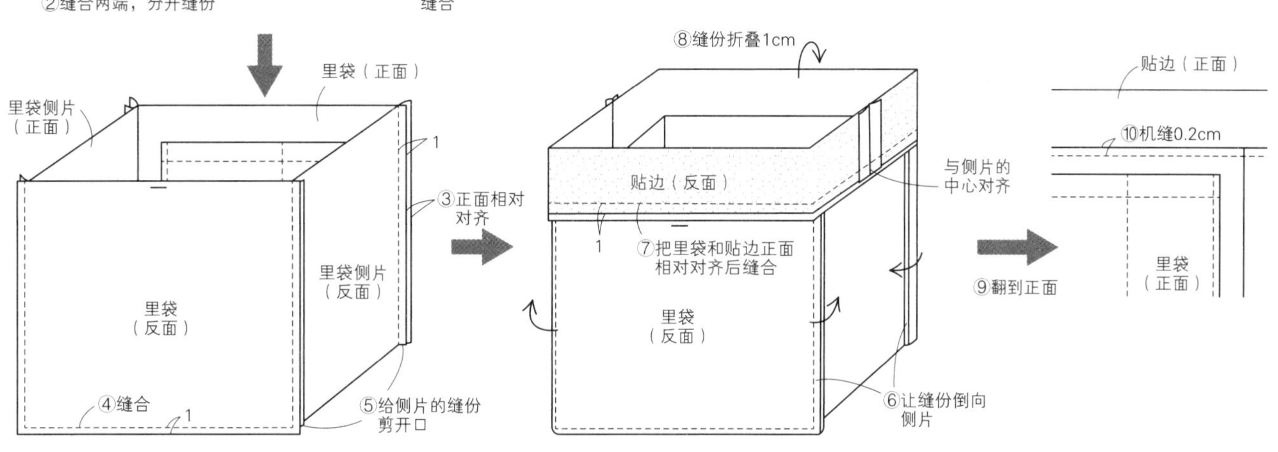


## 5. 把外袋和里袋反面相对对齐，缝合包口

## 6. 安提手

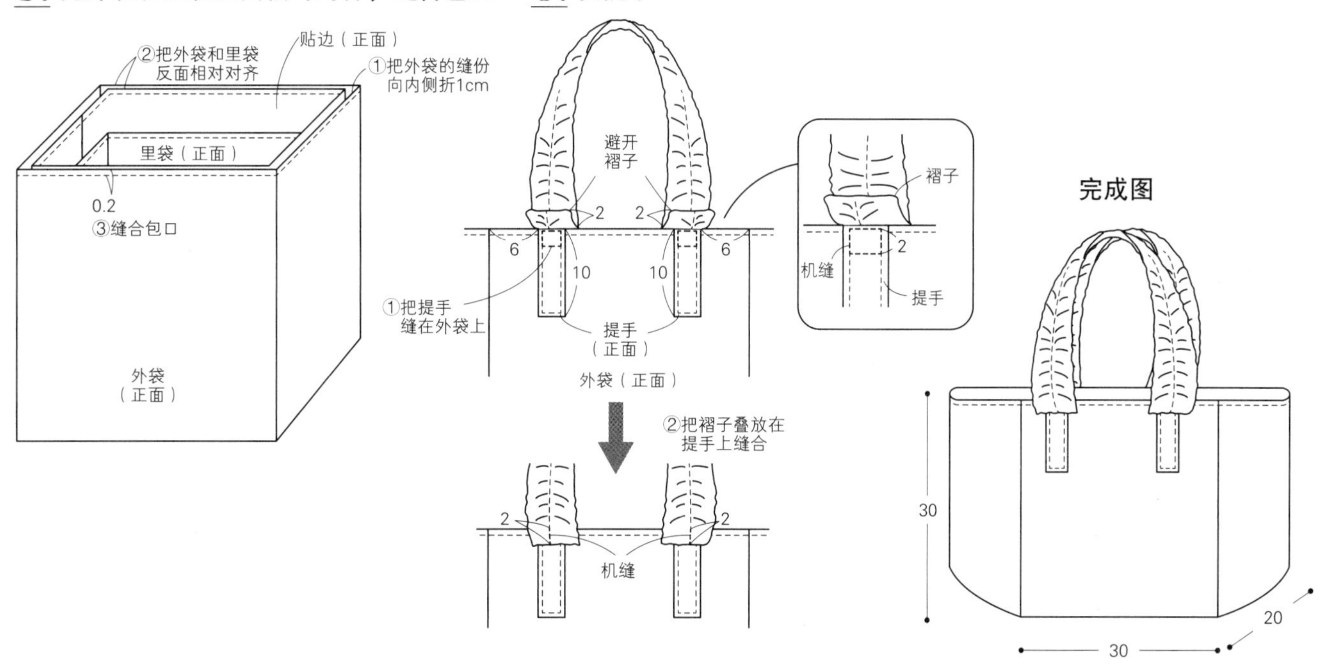


### 完成图

# 18. *Flap Backpack*

## 折口式双肩包

[图片]—— p.34

**材料**

猫图案的绗缝布…85cm×85cm
宽2.5cm的腈纶带…188cm
宽2cm的腈纶带…27cm
宽2cm的罗缎布条
（处理缝份用）…200cm
内径2.5cm的D形环…4个
直径1cm的四合扣…1组

**完成尺寸**

25cm×34cm×15cm
（袋口处于折叠状态时）

B面…包底

**裁剪图**

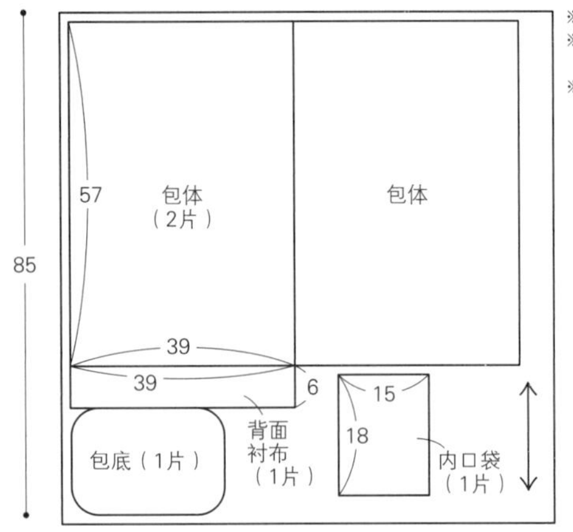


※单位为cm，包含缝份
※包体、内口袋、背面衬布都直接在布上画好线后裁剪
※布的边端用锁边机锁边或者做锯齿缝

**制作方法**

### 1. 制作并缝上内口袋

①缝份折2cm
0.5
②缝合
内口袋
（反面）
③缝份折1cm
中心
包体背面（反面）
28
13
④缝上
16
内口袋
0.2
13

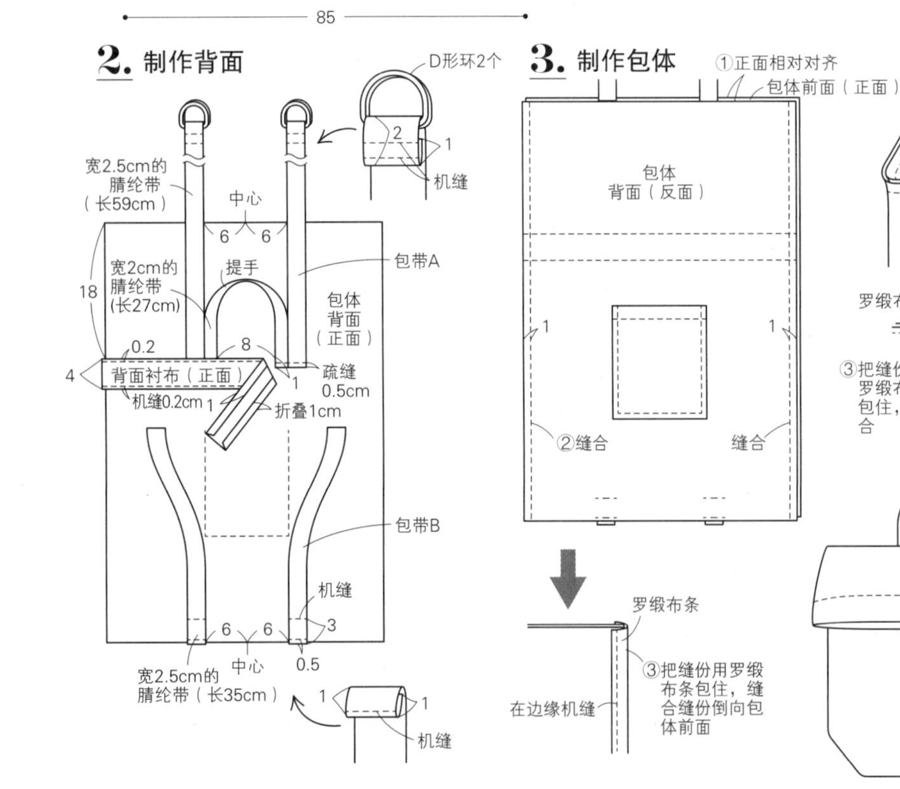


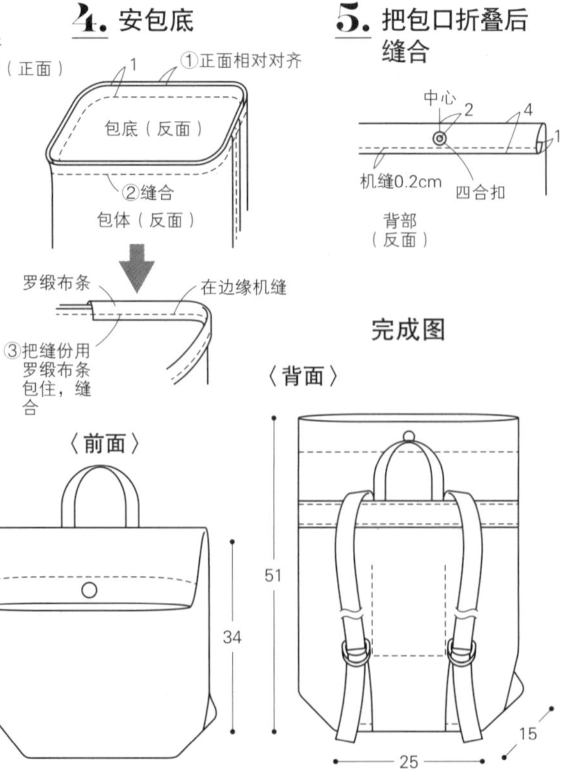

# 8. Mini Tetra Bag

# 三角粽子包

[图片]── p.19

**材料**

黄色帆布…70cm×30cm
灰色棉布…70cm×25cm
黏合衬…1.5cm×44cm
长18.5cm的拉链…1根

**完成尺寸**

高约17cm，一条底边20cm
（不包含提手）

**实物大纸型**

A面…外袋、里袋

**裁剪图**

※单位为cm，包含缝份
※提手直接在布上画好后裁剪

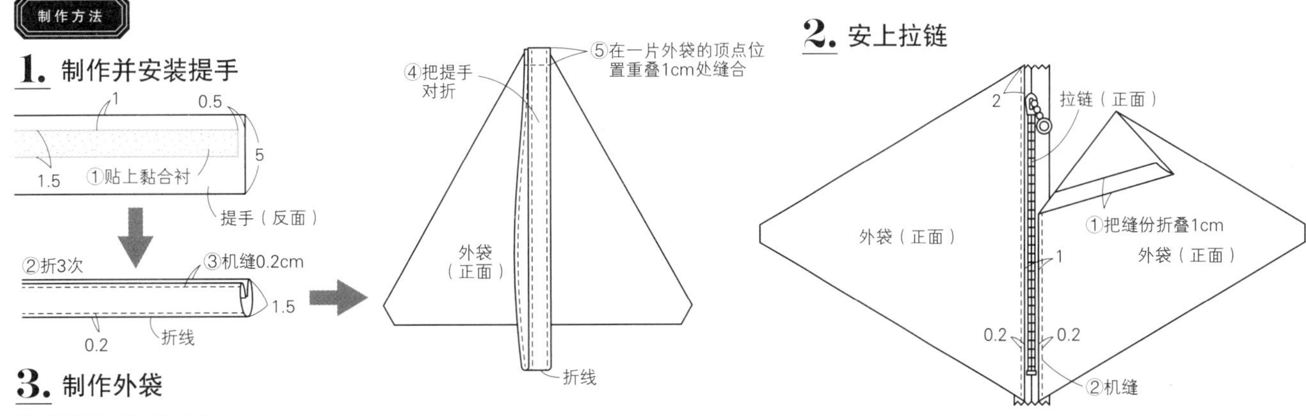


**制作方法**

## 1. 制作并安装提手

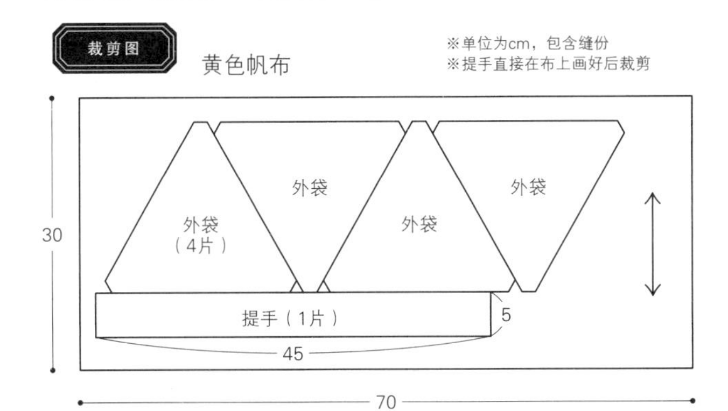


## 2. 安上拉链

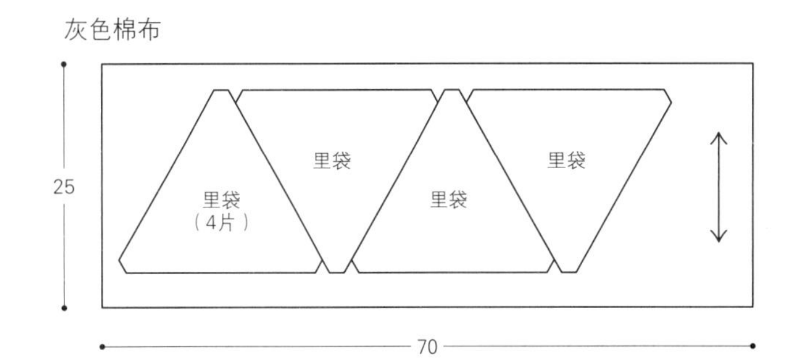


## 3. 制作外袋

## 5. 缝上里袋

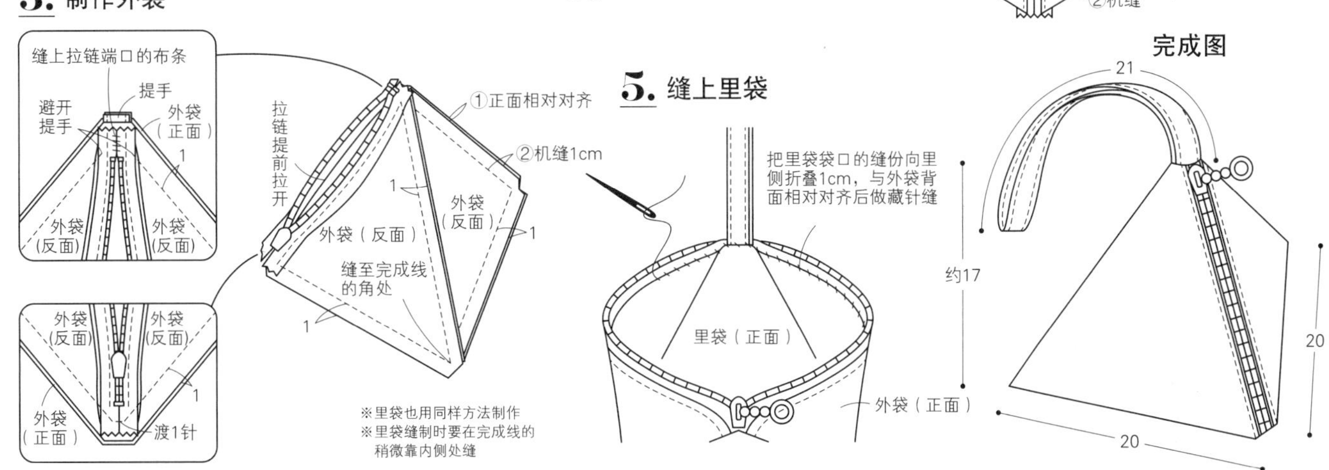

# 14. *Reversible Clutch Bag*

## 两用包

[图片]— p.28

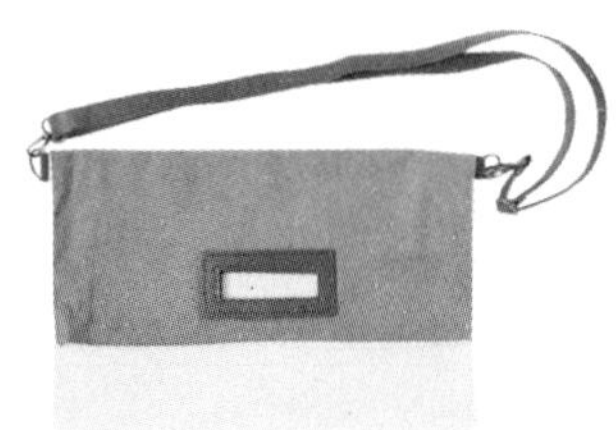

**材料**

灰色、黄绿色帆布…各50cm×50cm
灰色棉布…50cm×92cm
宽2.5cm的皮革带…6cm 2根
宽2cm的皮革带…150cm
外径12.3cm×6cm（内径9cm×2.5cm）的皮革提手…1组
内径2.5cm的D形环…2个
内径2cm的日字扣…1个
内径2cm的龙虾扣…2个

**完成尺寸**

39cm×26cm

**实物大纸型**

B面…外袋A、B，里袋

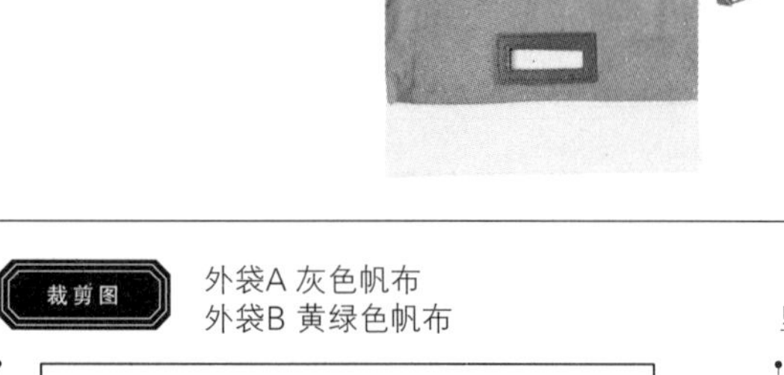

**裁剪图**

外袋A 灰色帆布
外袋B 黄绿色帆布

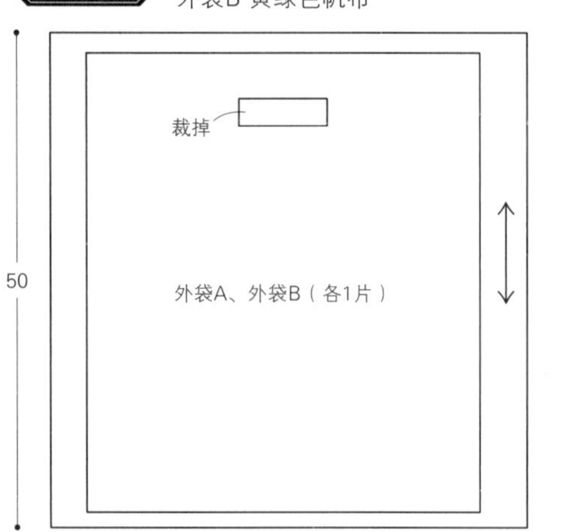


里袋 灰色棉布

※单位为cm，包含缝份

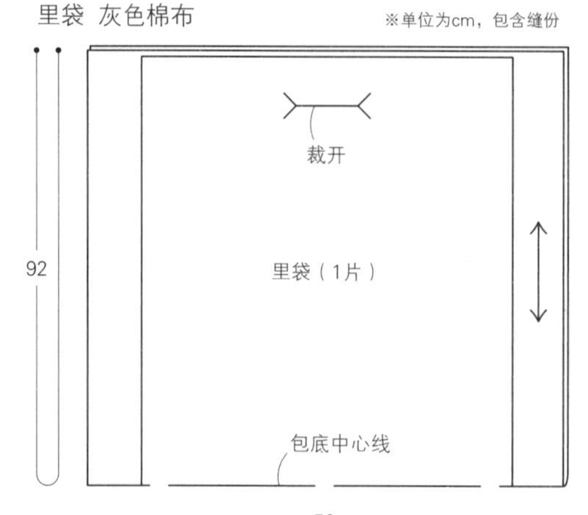


**制作方法**

### 1. 制作D形环布耳

宽2.5cm的皮革带
0.5
D形环
疏缝
※制作2组

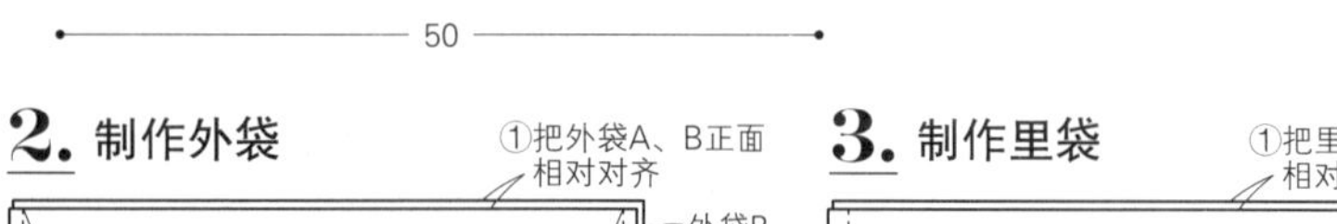

### 2. 制作外袋

### 3. 制作里袋

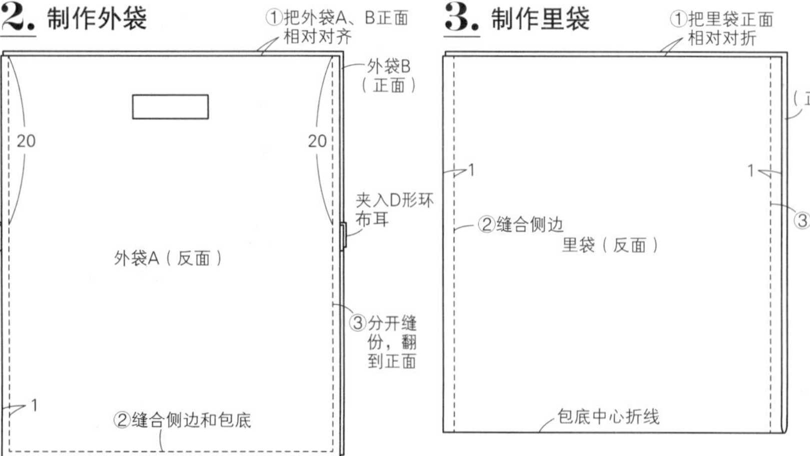


### 4. 缝合包口

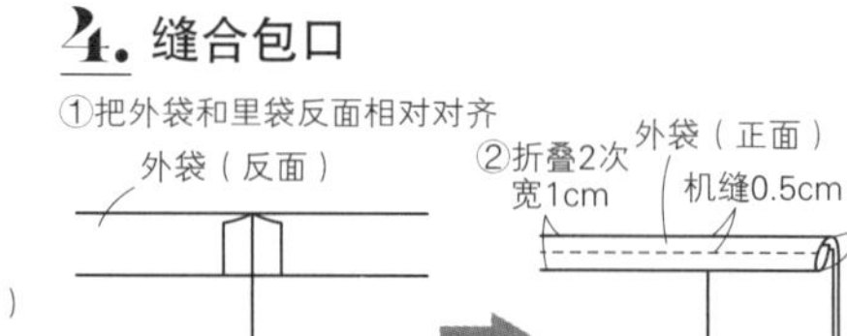


### 5. 安上提手

在里袋上开口
外袋（正面）
里袋（反面）
把里袋折向正面
里袋（正面）外袋（正面）
叠放皮革提手后手缝
皮革提手
6
12.3
外袋（正面）

**完成图**

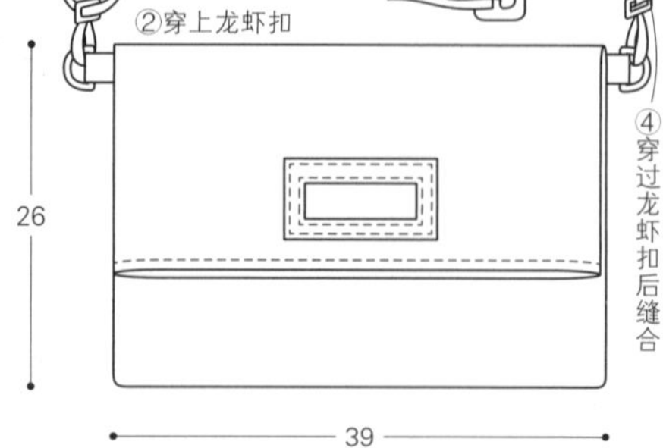

# 20. *Clutch Bag*

## 手拿、肩背两用包

［图片］— p.36

**材料**

仿麂皮…45cm×120cm
棉布…40cm×120cm
长34cm的拉链…1根
宽2cm的合成皮革带…150cm
内径2cm的D形环…2个
内径2cm的日字扣…1个
内径2cm的龙虾扣…2个

**完成尺寸**

35cm×32cm
（折叠状态）

**实物大纸型**

没有纸型。直接在布上画好线后裁剪。

**裁剪图**

※单位为cm，包含缝份

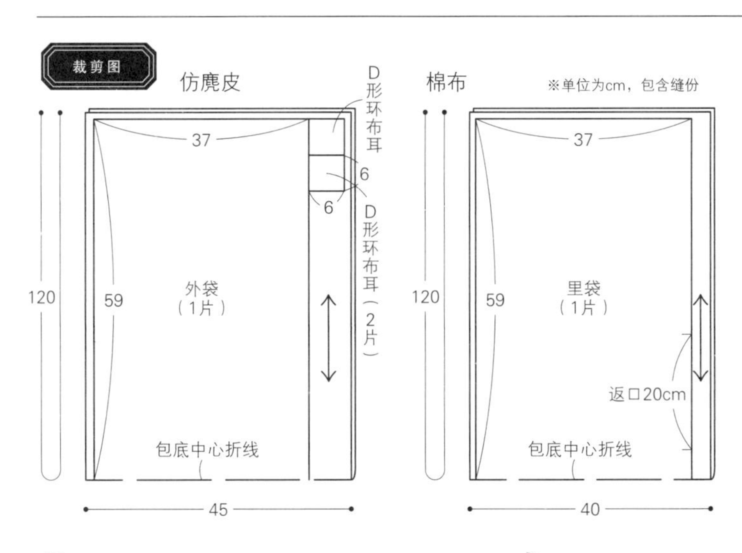


**制作方法**

### 1. 制作D形环布耳

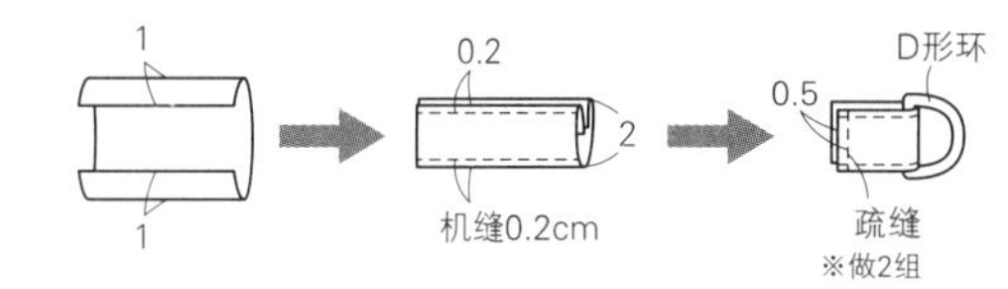


### 2. 制作包带

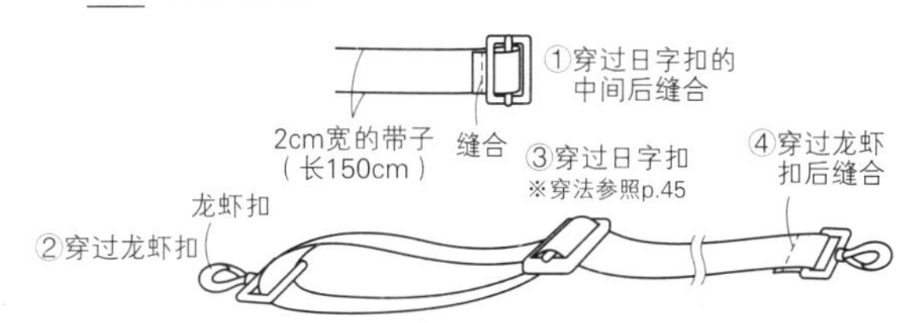


### 3. 安拉链

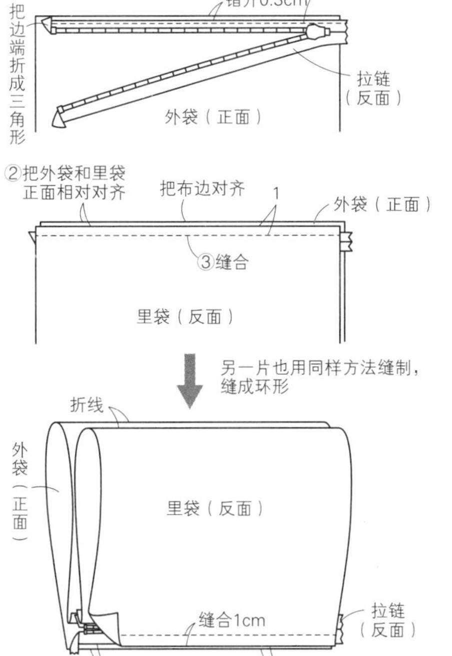


### 4. 把2片外袋、2片里袋正面相对对齐，缝合侧边

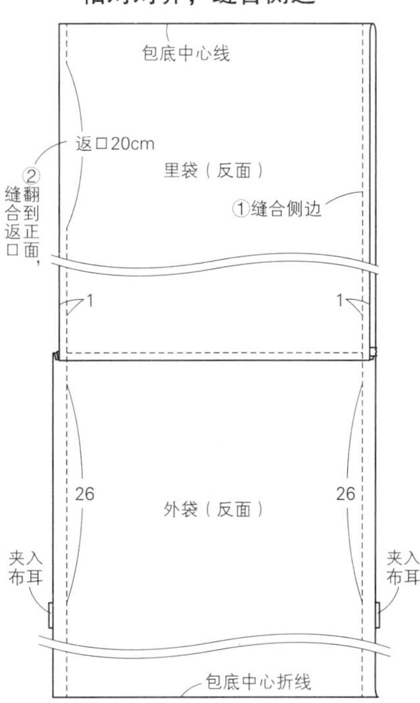


**完成图**

58
32
35

# 5. Boa Fleece Hand Bag

# 厚毛绒手拎包

[图片]—— p.14

**材料**

毛绒布…110cm×55cm

涤纶布…110cm×55cm

**完成尺寸**

42cm×50cm（包含提手）

**实物大纸型**

A面…外袋、里袋

**裁剪图**

外袋 毛绒布
里袋 涤纶布

※单位为cm，包含缝份

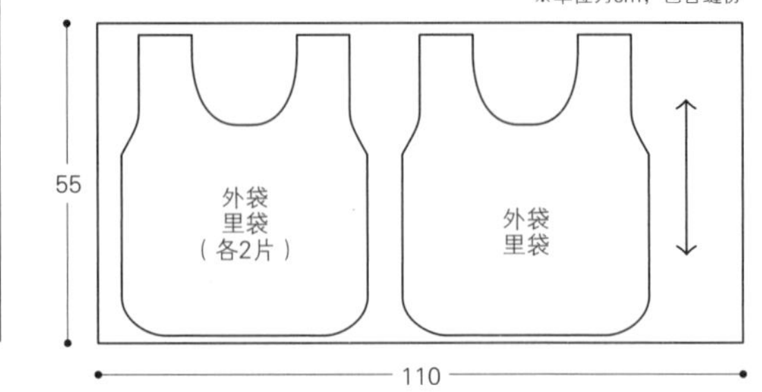


**制作方法**

## 1. 缝合提手的上端

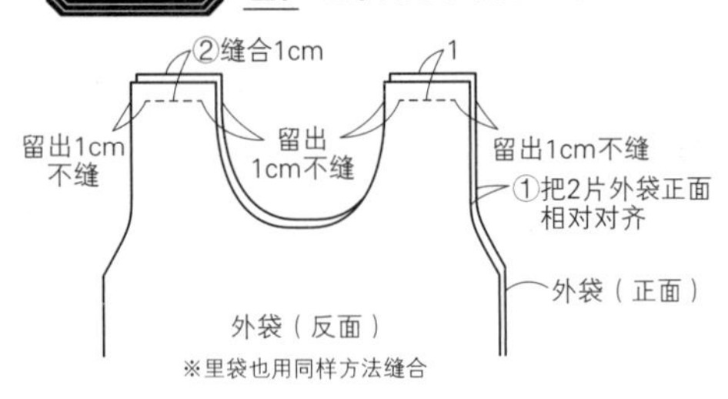


## 2. 缝合提手的内侧

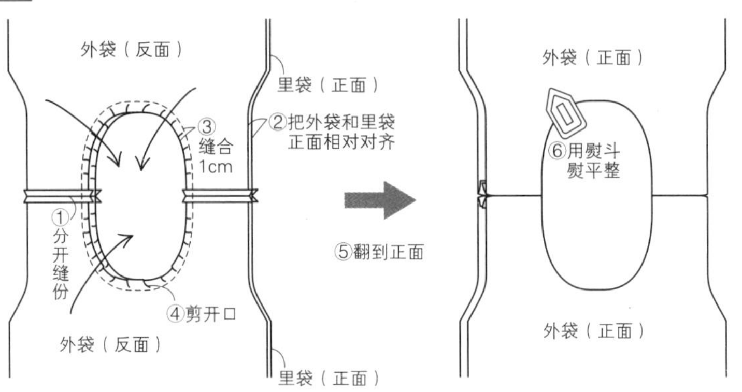


## 3. 缝合提手的外侧

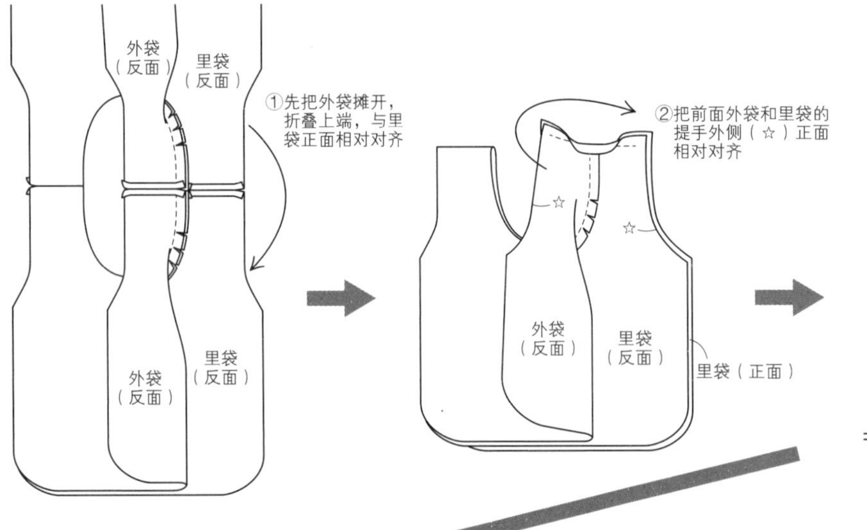


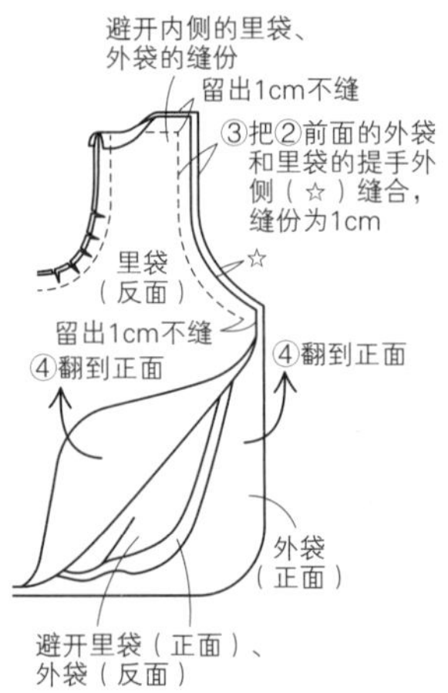


外袋
（反面）

里袋
（正面）

☆

⑤把另一片外袋和
里袋（▲）盖在
缝好的提手上，
翻到反面

▲

里袋
（正面）

外袋
（反面）

留出1cm不缝

避开内侧的
里袋、外袋
（☆）

⑥把⑤的外袋和
里袋的提手外
侧（▲）缝合，
缝份为1cm

▲

里袋
（反面）

留出1cm不缝

⑦翻到正面

⑦翻到正面

外袋
（正面）

避开里袋（正面）、
外袋（反面）

※另一侧的提手
外侧也用同样
方法缝合

## 4. 缝合提手内侧

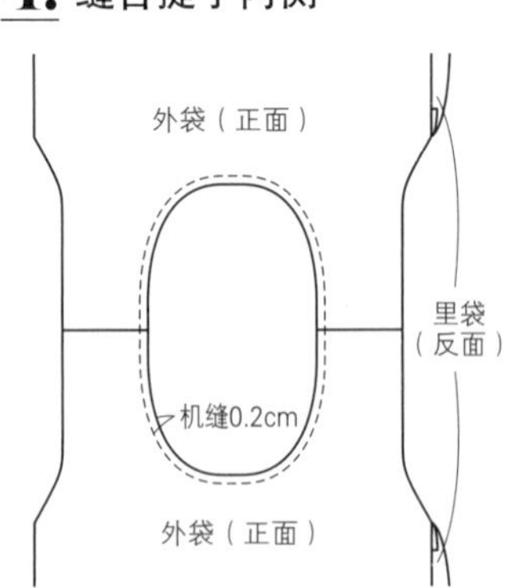

# 19. 厚毛绒束口袋

*Boa Fleece Drawstring Bag*

[图片]— p.35

**材料**

厚毛绒…110cm×35cm
印花棉布…110cm×30cm
黏合衬…20cm×20cm
粗0.4cm的皮革绳…160cm

**完成尺寸**

高26cm，包底直径19cm

**实物大纸型**

B面…外袋、包底

**裁剪图**

※单位为cm，包含缝份
※里袋直接在布上画好线后裁剪
※ 表示在反面贴上不加缝份（1cm）的黏合衬

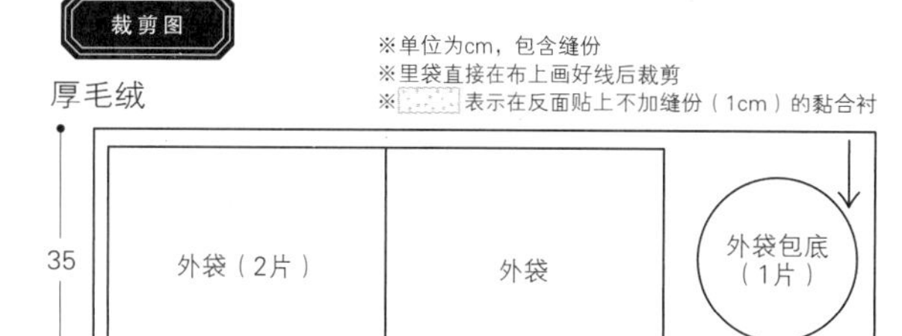


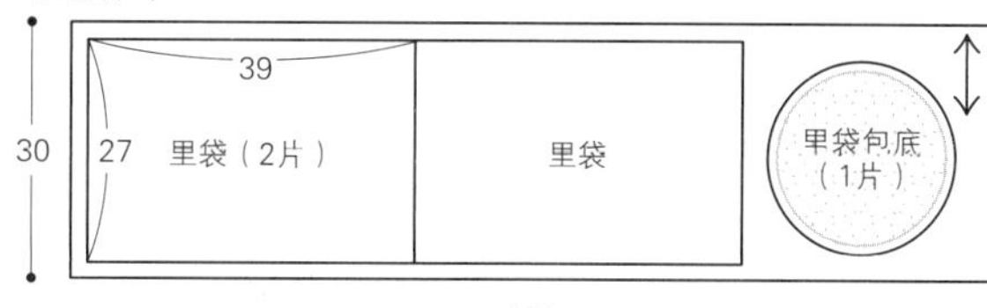


**制作方法**

## 1. 缝合外袋的侧边

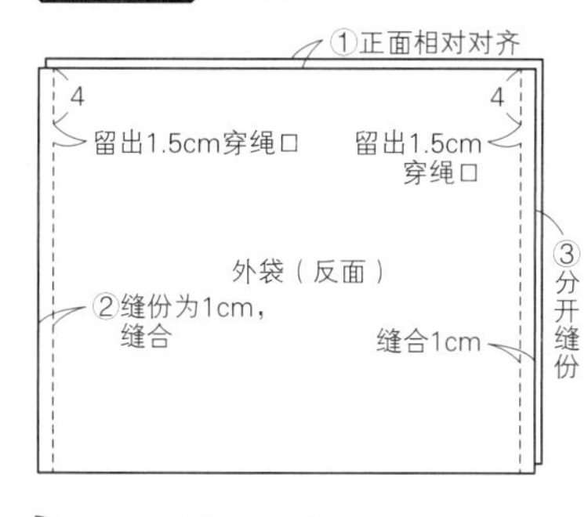


## 2. 缝合里袋的侧边

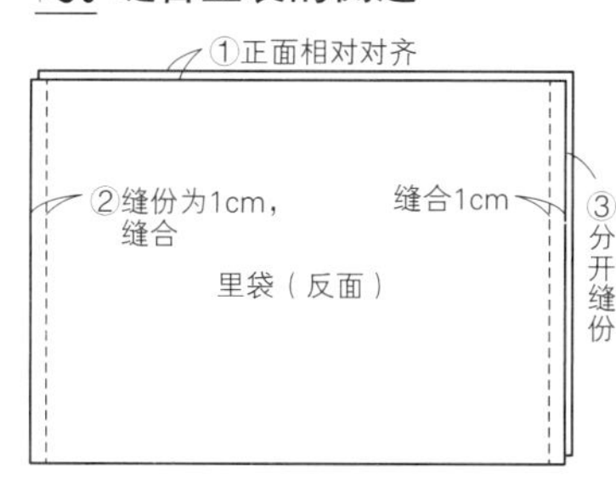


## 3. 缝合包底

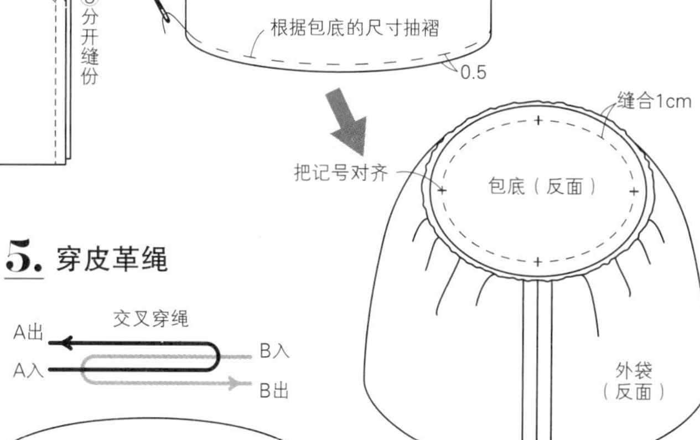


※里袋也用同样方法制作

## 4. 把外袋和里袋背面相对对齐，制作穿绳口

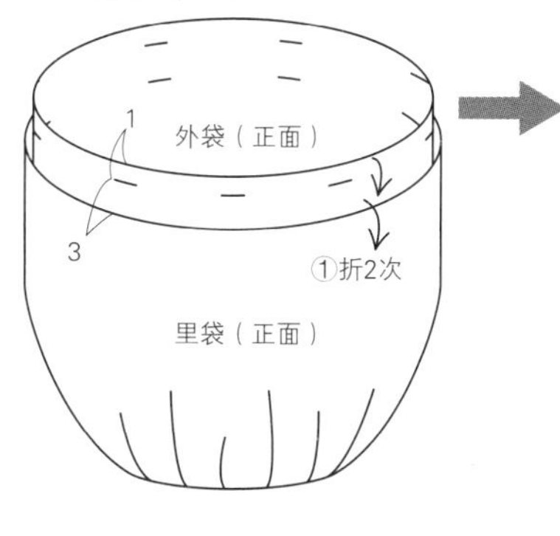


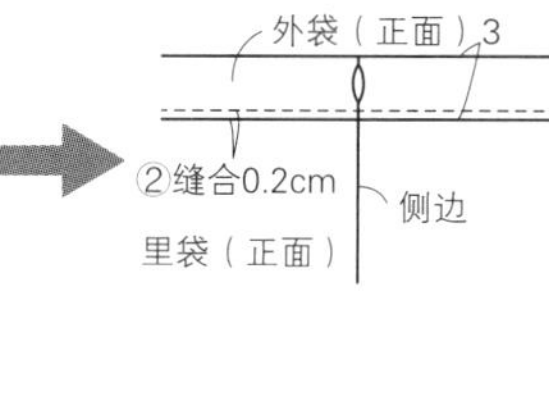


## 5. 穿皮革绳

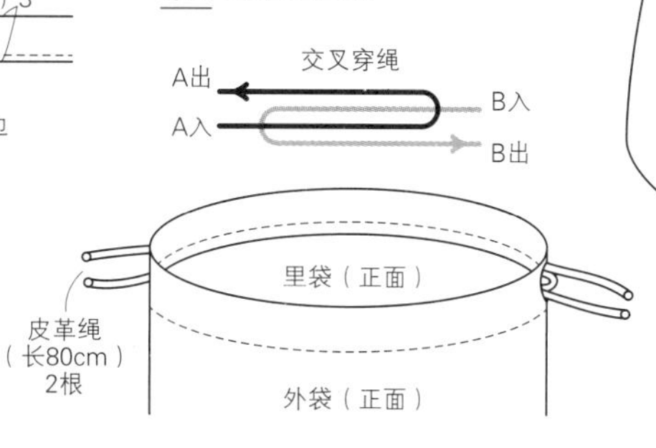


## 5. 把2片外袋、2片里袋正面相对对齐后缝合

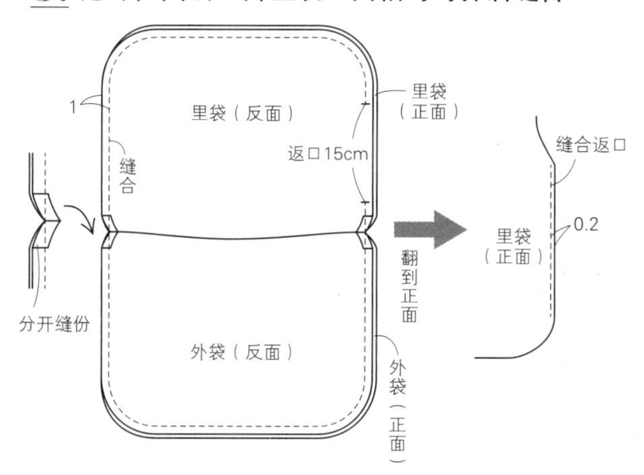


**完成图**

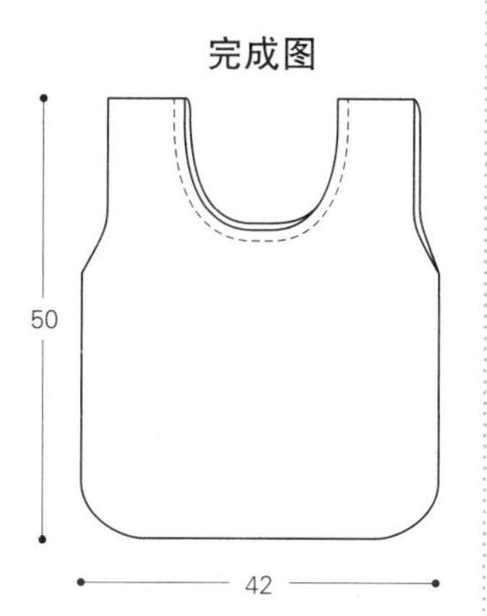


**完成图**

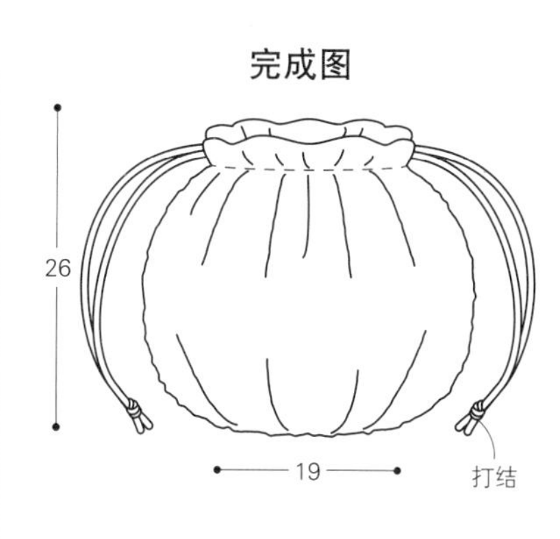

Photographers: YUKARI SHIRAI, NOBUHIKO HONMA
Original Japanese edition published in Japan by NIHON VOGUE Corp.
Simplified Chinese translation rights arranged with BEIJING BAOKU INTERNATIONAL CULTURAL DEVELOPMENT Co., Ltd.



**图书在版编目（CIP）数据**

零基础时尚百搭随身包教程/（日）后藤麻美著；罗蓓译. —郑州：河南科学技术出版社，2023.2
ISBN 978-7-5725-0999-5

Ⅰ.①零… Ⅱ.①后… ②罗… Ⅲ.①背包—搭配 Ⅳ.①TS941.75

中国版本图书馆CIP数据核字（2022）第240897号

出版发行：河南科学技术出版社
地址：郑州市郑东新区祥盛街27号　　邮编：450016
电话：（0371）65737028　　65788613
网址：www.hnstp.cn
责任编辑：刘　欣　刘　瑞
责任校对：马晓灿
封面设计：张　伟
责任印制：张艳芳
印　　刷：河南新达彩印有限公司
经　　销：全国新华书店
开　　本：889 mm ×1 194 mm　1/16　印张：5　字数：150千字
版　　次：2023年2月第1版　2023年2月第1次印刷
定　　价：49.00元

如发现印、装质量问题，影响阅读，请与出版社联系并调换。